U0207746

黑，北国之美境。千里冰封，万里雪飘，泽被大地。黑，白山黑水之魂，山巍峨兮，大水环行。其水茂，江河湖沼密布如织；其水盛，冬蛰伏，夏浩浩焉。

黑之境，森林、草原、湿地之所。广也，茂也，草木鱼虫以生。有花奇，早春顶雪绽放。树亦殊异，挺拔参天，寿数百年，无惧岁寒。偶遇奇兽，踏雪无声。又听鸟，或隐林间欢唱，或作草上飞势，倏尔远去天际……

黑龙江生态意象图

哈尔滨地图出版社编制
黑S（2017）　　170号

图为凤凰山冬季森林雪景图。凤凰山是黑龙江省生物多样性最丰富的地区之一，位居东部山地张广才岭西坡最南端。

每一个中国人读过的地理教科书上都会提到黑龙江省山峦上遍布着的浓密森林。黑龙江省位居中国最北端，冬季漫长寒冷，春季多大风。独特的气候和地形孕育了大面积的针叶林、红松原始林，以及广阔的湿地和草原。黑龙江年平均气温比同纬度其他地区低5～8℃，冬半年低温限制了农作物生长和江河航运，但这种寒冷气候有利于耐寒树木、珍贵皮毛动物和脂肪丰富的鱼类繁衍生息。

摄影＊佟中伟

小兴安岭位于黑龙江省中北部，森林面积500多万公顷，林木蓄积量约4.5亿立方米，是我国的重要林区之一。小兴安岭森林中拥有上千种种子植物和其他生物，孕育了极高的生物多样性。图为小兴安岭北坡黑龙江省茅兰沟国家级自然保护区核心区——黑龙江一级支流乌云河两岸针阔混交林夏季景观。

摄影＊王　英

100 Species

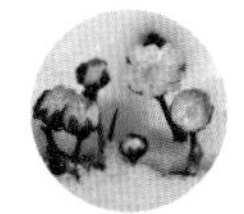

{物种100
生态智慧
黑龙江卷}

species 100 project team
物种100项目组

Surviving Wisdom
in HeiLongJiang

科学出版社

审图号：黑S（2017）170号

图书在版编目(CIP)数据

物种100·生态智慧．黑龙江卷／物种100项目组编．—北京：科学出版社，2018.3

ISBN 978-7-03-055920-3

Ⅰ.①物… Ⅱ.①物… Ⅲ.①物种—介绍—黑龙江省 Ⅳ.①Q152

中国版本图书馆CIP数据核字(2017)第314766号

责任编辑：张 婷 王亚萍
责任校对：杨 然
责任印制：师艳茹
编辑部电话：010-64003096
E-mail:zhangting@mail. sciencep.com

科学出版社 出版
北京东黄城根北街16号
邮政编码：100717
http://www.sciencep.com
四川金邦印务有限公司 印刷
科学出版社发行 各地新华书店经销
*
2018年3月第 一 版 开本：720×1000 1/16
2018年3月第一次印刷 印张：23
字数：250 000
定价：98.00元
（如有印装质量问题，我社负责调换）

序

文 * 马建章

《物种 100 · 生态智慧（黑龙江卷）》要出版了，这是黑龙江省面向公众的一次精彩的生态教育作品的呈现，我表示热烈祝贺。

中华人民共和国成立以来，我们国家的野生动物保护管理及自然保护区建设走过了相当长的一段路程。这其中，随着公众对野生动物和栖息地保护，以及生态系统完整性认知的不断深入，生态保护与经济社会可持续发展的工作也变得更有整体性与前瞻性。可以说，今天公众对生态保护多元的认知有了质的进步。

自 1960 年我在东北林学院（现为东北林业大学）毕业留校任教至今，经历了我国野生动物保护管理学科建设从无到有，再到快速发展的过程。无论哪个时期，人才培养都是野生动物保护事业发展的关键。人们常说“十年树木，百年树人”，今天我们国家生态保护生机勃勃的背后就是一批批杰出人才拼搏在全国各地并不断成长、影响、带动的结果。

有效的生态保护是基于全民的参与。因此生态保护的蓬勃发展，必然依靠全民的参与和支持。但对公众来说，仅有保护愿望是远远不够的，真正的动力在于对自然的了解、对野生生物的喜爱，以及对大自然的情感。美好的情感总是蕴藏着善的光芒，能够激发和凝聚人心。过去，公众对大自然的情感来自于民间传统，现在我们则要讲科学，讲我们用科学监测和研究总结出来的物种生存故事，这是一种好方法，也很有趣。黑龙江拥有中国最高纬度的独特气候条件，大兴安岭、小兴安岭与长白山广袤的原始森林，以及三江平原和松嫩平原的草原湿地景观，孕育着珍稀而独特的野生动植物资源，演绎着令人着迷的生态故事。在东北寒冷的冬天，雪兔为了躲避天敌藏身于雪层下睡觉，警觉的鼻子都要朝上对着地面的，不是很有趣吗？在白雪皑皑的小兴安岭，走在森林中，好几只黑熊就在我们身旁的树洞里冬眠，而我们却毫无察觉，这样的森林世界不是很奇妙吗？号称森林之王的东北虎，居然有着类似人类的育子行为，它把儿子轰出家门去闯天下，但女儿要留在家里娇养。貂熊能在积雪之上毫无压力地行走，好像穿了雪橇一般……这些都源于动物们演化而来的生存策略。看到这些故事时，我们就有一种想要与它们共存的愿望滋生出来，就有一种想要保护这个世界最美好的森林的激情滋生出来，这无形中起到促进保护生态的作用。这本书在这个方面做得很巧妙，很值得赞赏。

所有物种故事的呈现背后都是长期科研工作成果的体现，也是野生动物保护管理人才培养成效的体现，更是新的保护文化的呈现。生物多样性保护与文化多样性保护紧密相关。现在，社会正在回归生态文明的建设，新的文化多样性的诞生与生物多样性保护交相呼应，正处在新型关系的构建阶段。我们的管理机构更应该做点事情。从这个角度，我高度赞赏黑龙江省林业厅与世界自然保护联盟（IUCN）、鹿离工社共同完成的这个项目，在新的时代做出了新的尝试。《物种 100 · 生态智慧（黑龙江卷）》的出版是黑龙江生态保护文化的一个里程碑。

在岁月的沉淀中，很多事物都要经历小苗的阶段才能长成参天大树。相信这本书尚有进一步改进的地方，尽管如此，依然是一个良好的开端。

序

文 * 马克平

旨在阐述物种生存智慧的大型生态科普丛书“物种 100 · 生态智慧”就要出版了。黑龙江卷由鹿蔺工社、黑龙江省林业厅和 IUCN 中国代表处联合出品，我作为 IUCN 亚洲区会员委员会主席暨“物种 100 · 生态智慧”项目专家委员会成员，感到十分高兴。

生物多样性科学与公众科学密切相关，生物多样性保护离不开公众的积极参与。以科学且生动的方式向公众展示生命之美与生态智慧，帮助公众理解和珍视自然是一项非常重要的工作。“物种 100 · 生态智慧”项目以此为目标，从全球保护视野出发，以省域为依托，邀请科学家与科普作家一起，从生态系统中的关键种、濒危种、指示种与旗舰种等入手，共同讲述物种适应环境的策略和机理的故事，完成科学界与政府相关部门对自然界“万物平等、彼此依存、共享生态家园”的认知与理念表达，为构建全域生态系统的命运共同体普及科学知识。

“物种 100 · 生态智慧”项目得益于长期的生物多样性科学研究的积累、生物多样性保护与可持续利用的实践，以及中华民族悠久灿烂的传统文化。近年来中国生物多样性科学的快速发展和海量大数据的共享使得这样一个有科学深度的故事集能够被集中系统地呈现出来。

书中对物种故事的展示角度在一定程度上反映了当今科学发展的两个方向：从边界越来越模糊的宏观层面探讨万物之间的联系，在尺度越来越精细的微观层面解释万物生存的机理。如樟子松的生存能力与地下肉眼看不见的菌根真菌网络密切相关，侧金盏花在早春开花的习性与它生长的森林郁闭度之间的关系。

讲好物种生存的生态故事不仅有利于生物多样性保护，而且能为当地的发展助力。通过科学家的培训，公众不仅能参与生物物种分布和生存现状相关的项目，为保护工作提供支持，甚至可能为当地带来一批高端就业机会，如生态旅游、观鸟、观蝶、观花及野生动植物摄影等，能够使民族文化多样性得到保护，实现绿色扶贫与精准扶贫，促进社会自然经济的和谐发展。可以说，《物种 100 · 生态智慧（黑龙江卷）》是具有社会责任感的学者和科普作家对公众的一次高水平培训，意义深远。黑龙江省具有独特的生物多样性资源和深厚的科学成果积累，有能力在生物多样性保护与宣传方面做出引领性的成果，项目能够迅速推进也说明了这一点。

借此机会，热烈祝贺本书的组织者——鹿蓠工社、黑龙江省林业厅和 IUCN 中国代表处，衷心感谢作者们的辛勤劳动和可贵的社会责任感。希望有更多的学者和作家加入到科学普及的队伍中来，出版更多公众喜闻乐见的生态文学作品，提高全社会的生态保护意识，推动我国的生物多样性保护事业健康且快速发展，为美丽中国梦的早日实现贡献力量。

序 ...

文 * 王东旭

植物、动物和微生物，这些奇妙的大自然精灵，在上亿年的演进过程中，它们之间及它们与环境之间形成了错综复杂的联系，构成了宏观世界中最具勃勃生机的自然景观——地球生物圈。它们种类繁多、数量巨大，从炎热的热带雨林到寒冷的极地，从近万米的神秘海底到世界屋脊青藏高原，从蔚蓝的广阔海洋到干旱的大漠深处，都有它们的影子和足迹。无论你是否认识，它们同人类一样，都是大自然的主人，它们同人类一起共享这个蓝色星球。

地球上究竟有多少种生物，目前尚无定论，但可以明确的是人类已经认知的只是其中的一小部分，许多种类可能未曾与人类谋面便消失得无影无踪。每个物种在自然界中都有自己的角色，它们早在人类到来之前就进化出各种各样的"独门绝技"，以适应不断变化的环境。正因为如此，我们才有五彩斑斓的大千世界。

富饶美丽的黑龙江省承蒙大自然的厚爱，白山黑水之间独享特殊的生态环境，被赋予了独特的生物多样性。这里的万千生命及其构成的生态系统，为中国乃至全球都贡献了巨大的生态价值和独特的美学价值。

"芳林新叶催陈叶，流水前波让后波。"大自然中的生命生生不息，维持着一种巧妙的平衡，但自从人类这个强势物种出现后，这种平衡已被打破，物种的丧失速度比形成速度快了 100 万倍。地球上的生物正在快速消失，状况令人担忧。保护生物多样性已经不仅是科学家的事，而是全社会每个公民的神圣使命。

《物种 100·生态智慧（黑龙江卷）》聚焦黑龙江省内的野生生物，荟萃黑龙江物种之精华。全书共分三章，旨在用 100 个物种的生动鲜活故事，描述它们的生存状况、面临的危机，以及赞美它们的生存智慧。其中一篇介绍了最新发现的国家一级保护植物也是世界濒危植物——貉藻。它是极少数能够快速捕捉"猎物"的植物，又是植物界中动作最快的植物。书中提及的东北虎豹国家公园也体现了一种新时代的大国气象。

本书既尊重生态专业知识，也充分反映其背后的文化内涵，以生态和文化的巧妙结合来警示人类，“同在蓝天下，和谐共生存”。

今天，我们怀着一颗敬畏之心，敬畏在这个地球上每一个物种的“生存智慧”，敬畏这些时空转换和生物地理演化的见证者。我们在认识这些生物的同时，也一定要倍加努力地保护生物多样性，维持生态平衡。因为地球并不单单属于人类，所有生物都是“地球母亲的孩子”。

我们要把人与自然和谐共生的理念传播开去，传递到每一个有生命的角落。我们要倾其所能去保护每一个物种，让地球上所有的生命都能尽享阳光，尽情欢唱！

前言

文 * 刘保党 刘艳丽

（一）缘起

2016年12月16日，雪。鹿离工社与IUCN中国代表处联合推出的“物种100·生态智慧”传播项目座谈会在黑龙江省林业厅会议室召开。这一以省为单位，通过联合生态专家与文化作者将生态专业知识转化为通俗语言，向社会传播物种保护知识的大型生态文化传播项目，得到黑龙江省林业厅的高度重视。座谈会讨论了黑龙江物种调研和梳理的方法；讨论了成立顾问委员会和专家委员会，严谨把关物种专业知识的办法；讨论了如何展示和创作具有黑龙江地域特点的100个物种的方法、可能遇到的困难和解决预案，以及相应的工作节点和工作要点。值得注意的是，这个座谈会恰与IUCN、鹿离工社同为承办单位的长白山生态国际论坛“生态文明建设——聚焦东北虎豹国家公园”相隔三月，似乎是论坛精神的感召，使得做这样一个传播项目的意义格外不同，会议非常成功。

“物种100”是“100个物种故事”的简称，是以省为区域单元的大型物种生态文化传播项目。项目从保护视野出发，通过调研、梳理和分析该区域的自然地理知识及生物多样性分布信息，精选出100个具有典型保护意义的珍稀物种和区域代表性物种，以科学为基础，用讲故事的方式，讲述物种适应环境的生存智慧及其背后生态系统的重要作用，赞美自然的神奇造化。“物种100”项目倡导与物种和谐共生的物种观，倡导顺应自然的自然观，警示人类的功利主义，号召社会大众加入到保护生物多样性的行列。其中，以人与自然情感为纽带是本项目的灵魂。

《物种100·生态智慧（黑龙江卷）》是“物种100”项目的重要组成，也是继《物种100·生态智慧（贵州卷）》之后的第二部作品。

2016年12月22日，根据座谈会的精神，正式成立了由黑龙江省林业厅、IUCN

中国代表处及鹿离工社三方共同组成的“黑龙江物种 100”项目筹备组。

（二）物种甄选会议

“物种 100”项目主要由物种甄选、生态考察、采风创作及出版宣传四个环节组成，其中最基础的环节当属物种甄选。

2017 年春，“黑龙江物种 100 ”项目组正式成立，3 月即正式开展物种调研和梳理工作。6 月，一份关于黑龙江省物种分布情况及其文献资料的报告出台，为物种甄选会议的召开奠定了基础。黑龙江省的自然地理格局是什么？气候、地形地势如何？什么物种可以入选？入选理由是什么？多达 300 多个物种的名录上，哪些物种又将被舍弃？选择物种的原则、范围是什么？会议召开前，这些问题都是最基础的问题。2017 年 8 月 5 日，由黑龙江省林业厅联合 IUCN、鹿离工社邀请 20 多位专家参与的、高级别的“黑龙江省物种 100 甄选会”在东北林业大学召开。会议就“黑龙江物种 100”项目的目的、意义、甄选原则及物种预备名录清单做了充分讨论，并形成了对物种 100 项目组具有重要指导价值的意见。

就项目理念来说，物种 100 项目组要本着传播生态文明建设的理念，通过撰写物种故事，来自由地歌颂生命、歌颂自然。就项目创作而言，必须认真把握科学性、故事性、趣味性，并确立了建立一个物种配备一位专业知识指导专家和审阅专家的机制。在物种甄选的原则方面，则明确了以保护视角出发的四大原则，即地带性原则：地带性植被组成中的代表性物种，反映黑龙江的特色；区域代表原则：以区域生态系统为基础的关键物种、指示物种、濒危物种和特有物种；价值原则：物种的生态价值、科研价值和文化价值；对于传播极为关键的故事性原则：创作内容要有可读性、科学性、启迪性，立足于人与其他物种和谐共生这一思想观念。

项目组推出的物种预备名录清单也获得甄选专家的充分肯定。物种预备名录清单的来源是通过参考《世界自然保护联盟濒危物种红色名录》、《国家重点保护野生植物名录》、《国家重点保护野生动物名录》、黑龙江省动植物名录、各保护区提供及专家推荐物种名录汇聚而成。物种清单中的植物部分包含苔藓、蕨类、裸子植物和被子植物；动物部分则包含昆虫类、鱼类、两栖类、爬行类、鸟类和哺乳类。这些物种具有不同标签，既有地带性物种，也有非地带性物种。其中，珍稀濒危物种是重点。同时，所有物种按照生境归类，基本展示了不同地域的生命世界。专家们一致认为，预备名录清单逻辑严密，分类科学，在大兴安岭、小兴安岭与东部山地、松嫩平原、三江平原及黑龙江大江大河有代表性、典型性。甄选出的100个物种中，植物35种，占比35%；动物60种，占比60%，其中昆虫12种、鱼类10种、两栖爬行动物6种、鸟类17种、兽类15种；大型真菌5种，占比5%。总体上看，森林植物24个，占植物比68.6%，基本反映了黑龙江的植被生态是以森林为主的基本状况。而整个物种名录中，珍稀濒危物种超过一半，这也体现了“物种100”项目要通过突出宣传濒危珍稀物种的生存智慧，让社会积极参与到保护它们的行列中来。

物种资料附拉丁文名，对于所选植物种类的科属归属，石松类和蕨类采用PPG I系统（2017），裸子植物采用Christenhusz系统（2011），被子植物采用APG IV系统（2016）。

黑龙江“物种100”甄选会是黑龙江省林业生态保护工作者参与的一次以省域为范围、带有科研性质的研讨会，也是对历年来保护工作的成果检验，更是一份展示林业生态人重视生态宣传、促进全社会参与生态保护决心的行动。会议因马建章院士与周晓峰教授的出席，以及来自IUCN亚洲区会员主席、中国科学院植物所研究员马克平先生和来自中国科学院、黑龙江省科学院、东北林业大学、哈尔滨师范大学等单位的从事各类物种研究的资深专家的参与而精彩纷呈。专家们严谨而尖锐的问题、妙趣横生的举例、激昂炽热的风采使得会议取得圆满结果，为《物种100·生态智慧（黑龙江卷）》一书的创作奠定了坚实的基础。

（三）“物种100”创作的灵魂

“自由地歌颂生命、歌颂自然。”这一由周晓峰老先生提出的物种故事创作精神，成为“物种100”创作组奉行的重要信条。随后，由部分专家与创作人员组成的创作团队在长达4个月的时间内先后奔赴大兴安岭、小兴安岭、东部山地、松嫩平原与三江平原等地的保护区考察、交流、采风、体验……

考察，是为了足踏大地，深入一线保护区，用眼睛看，用心来聆听大自然；交流，是科学精神与创作热情的水乳交融，更是自然学者与文学作家的相知；采风，是根植大地，用保护物种、与物种和谐共生的视野去捕捉大自然的壮美，获取鲜活的物种故事线索；体验，则是一种真实情感的唤醒经历。这是“物种100”创作最重要的一环。没有经历过大自然的洗礼，是触动不了真实情感的。情感是一条纽带——将自然与人连接起来的纽带，情感是一种灵魂——自然自在的觉悟，情感还是一把钥匙——设身处地地想象物种如何适应环境的智慧。可以说，情感是作者最重要的创作源泉。而一本以保护视野为出发点的物种故事书，最重要的灵魂也是情感。在亲自触摸大森林、大平原、大湿地的自然大美后，必将孕育出一份人与自然万物和谐的共生图谱。

创作“物种100”故事，实际是一项答疑解惑的工作；是发现问题，寻找解决方案的一项工作。每个要撰写的故事必须要回答三个问题：它在哪里，入选理由是什么，它有怎样的与环境高度适应的生存智慧？这些问题解决之后，还要将这些来自科学研究的专业知识转化为大众喜爱的文学语言。创作人员的组成，一部分是生态专业人员，一部分则是文学工作者。 作家不可能短时间就学会专业知识，而专业人员也不可能一夜就变身为作家。这是创作阶段最艰难、煎熬的阶段，也是创作队员们迎难而上、克服困难，最有趣的阶段。读者会为这些有趣又精彩的故事叫好，也许他们并不知道这是每位作者拼命学习、陶冶心灵的结晶。

故事呈现出的物种生存智慧，其背后既有科学研究成果的支撑，也有文学力量的激荡。可以说，“物种100”的创作就是一个以情感做支撑、将生态知识与文学创作进行跨界融合，呈现大地精气神的过程。

最后精选、创作、出版的100个具有典型意义的黑龙江物种故事，就是经历艰难曲折后的成果。每个物种故事创作的背后，不仅有强大的专家团队和文学指导支撑，而且都经过文献梳理、智慧点提炼、专家指导、精心创作和专家审阅五个环节。如此精心准备和严苛程序设置，是“物种100”项目组兼具科学与人文精神的写照，也是对物种保护宣传的一种态度。

（四）《物种100·生态智慧（黑龙江卷）》的框架结构与特点

《物种 100·生态智慧（黑龙江卷）》是 50 多位成员历时一年共同努力的结果。聚焦黑龙江省大生态区域的物种生命，通过科学分类和文化术语两个体系将全书整合成三大内容框架：第一章“生境篇·白山黑水”，第二章“智慧篇·黑氏物语——100 个物种故事”，第三章“警示篇·大地情殇”。“生境”一词是生态术语，“白山黑水”则是黑龙江省域的生态文学意境；“黑氏”一词的“黑”是黑龙江省的简称，“氏”是氏族的意思，“黑氏物语”是指千百万年来生活在黑龙江省的物种故事的意思。如此整合呈现，方便读者读懂黑龙江生态特质和自然气息透析出的精气神。

在内容结构上，第一章“生境篇”分为两个小节。第一节“黑龙江生态格局及生物多样性”，是从宏观上概述黑龙江的气候、地质、地形地貌特点及山水格局，并用动植物的形态或分布情况，来帮助人们理解黑龙江生态背景对生命的塑造。让人们理解，黑龙江的“天”“地”“生”是什么样的，它们一起塑造了黑龙江的自然景观与万物形态。第二节“物种适应环境”，是对黑龙江动物的种类、分布特点与环境的契合进行的概述，对黑龙江不同生境下动物种类、种群、不同生态系统对环境的适应进行概述举例，方便读者理解“生命顺应环境”中的动物是如何适应黑龙江的“天”与“地”的。

第二章“智慧篇”是甄选出来的物种生命智慧故事。这是本书的主体内容，体量最大。100 个物种分布在山地、平原与河流的不同空间，分布在森林、草原、湿地的不同生境，故事按照空间序列展开，呈现出一幅幅空中大鸟飞翔、地上走兽游荡、河流大鱼潜游的智慧生命立体画卷。

为方便大众阅读，本章框架没有按照黑龙江省森林、草原、湿地三大生境的分类方式，而是采取了生态空间从高到低，从山地、台地、平原到水面的透视方式，将 100 个物种放置在大兴安岭、小兴安岭、长白山脉北延支脉（即完达山、张广才岭、老爷岭）、东北平原（松嫩平原、三江平原）和黑龙江大江大河上；在物种的排序上也采取了立体空间透视方式，即大类上分植物、动物、真菌，又在植物部分按乔木、灌木、草本进行排序，动物按鸟、兽、虫、鱼进行排序。

在物种区域空间分配方面，采取了先挑选区域明星物种，再按非地带性物种到地带性物种的分配方式。比如，兴安落叶松是大兴安岭的优势物种，虽然在小兴安岭和东部山地也有分布，但其是大兴安岭寒温带针叶林的典型代表，是大兴安岭的象征物种，即纳入大兴安岭区域。又如，红松在黑龙江是小兴安岭最具代表性的明星物种，几乎是小兴安岭的“品牌代言人”，虽在东部山地也有分布，但却未分配在东部山地。植物如此分配，动物也采取同样的方式。

如此做分类框架和物种区域分配带来的困难是巨大的，尤其在生境及分布方面，对某些物种的分配并不一定合适。很多物种，尤其是动物，分布范围相对较广，很难说应该将其分配到哪个区域。不过，以生态系统类型做框架，科学、专业，没有错误，但弱化了地理轮廓。为了方便大众阅读时的空间对应和物种感知，也为了弥补这一专业上的缺憾，为了保持其严谨性和科学性，给每个物种做了一个小档案，其中包含了地理区域分布，以避免误导。该章现在的框架结构，最后呈现出清晰的生态空间轮廓和生态格局映像，呈现出精彩纷呈的大地脉动。这个好处，读者们很快就可以体验到。

第三章“警示篇”则是黑龙江省的物种濒危警示和保护物种名录。世界上最大的猫头鹰——毛腿渔鸮和国际学术界高度关注的原始红松林在这里做了示意。作为靠捕鱼为生的猫头鹰，毛腿渔鸮曾悠闲地栖息在大兴安岭、小兴安岭及长白山脉的版图内，它们住大树、吃大鱼，飞翔时两翅扇动很快，但毫无声响，是最神秘的物种之一。但今天，它已在黑龙江绝迹。原始红松林是小兴安岭、长白山脉最具代表的森林景观与地理标识，而如今它们的数量已非常稀少，更令人忧心的是，随着研究深入，科学家发现，原始红松林的天然更新出现危机，虽然近年整个东北大力种植红松人工林，并渐成规模，但人工红松林抵抗自然灾害的能力远不如原始红松林。以原始红松林为代表的针阔混交林生态系统的未来面临巨大的物种灭绝考验，生态系统的危机，是大地情殇。此章示意生态保护的紧迫性、必要性。提醒大家，如果再不进行深度保护，保护名录上的物种也可能会灭绝。

（五）结语

从物种适应环境的生存策略角度入手，讲述物种生存的智慧故事，沟通人与自然的情感，从而传递尊重自然、顺应自然和保护自然的生态文明新理念，实现理解物种、保护生态，人与自然和谐相处的目的。《物种100·生态智慧（黑龙江卷）》仍有许多不足，希望在前行的路上，有更多的人能加入到这个项目中来，共同梳理中国大生态系统物种的生存智慧，共同为共生共荣的生态文明社会贡献力量。

物种100·生态智慧（黑龙江卷）

目录 contents

第一章　生境篇　*

白山黑水

雪域·雪韵

摄影 * 庄凯勋

森林生态系统是黑龙江省最重要的生态系统类型。黑龙江省分布着全国面积最大的天然林，蕴藏了众多寒温带与北温带的森林动植物物种。图为大兴安岭北段最高峰大白山夏季的林海景观。平缓开阔的山地上，生长着郁郁葱葱的兴安落叶松林。

摄影＊李显达

草原生态系统是黑龙江省重要的生态系统类型，分布着羊草和大针茅草等草类植被，是众多鸟类和草原动物重要的栖息地和繁殖地。图为松嫩平原嫩江到海拉尔间的草原秋季景观。

摄影＊张维忠

黑龙江省拥有薹草草甸沼泽、芦苇草甸沼泽、森林草甸沼泽和河流湖泊等多种湿地类型，是众多珍稀水禽重要的繁殖地与栖息地。图为三江平原湿地景观。

雪润山水生万物

——黑龙江生态地理与物种多样性

文 * 闻 丞 审阅专家 * 朱春全

黑龙江省是中国大陆最东北角的一个省，位于北纬 43° 26′ ~ 53° 33′，东经 121° 11′ ~ 135° 05′。黑龙江以河得名，自西北向东南转而向东北蜿蜒而去的东北亚第一大河流——黑龙江，勾勒出了中俄边界的北段，这也是黑龙江省的北界。而黑龙江的一条重要支流乌苏里江则由西南向东北注入黑龙江，并勾勒出了中俄边界的南段，这也是黑龙江省的东南界。在中国版图上，这两条大江围出了“雄鸡”的鸡头部分；而它们与大兴安岭、小兴安岭和东部山地一道，滋养出黑龙江省 47.3 万平方千米的沃土。

半个多世纪前，黑龙江叫“北大荒”；从四十多年前开始，黑龙江成了“北大仓”。在每个中国人读过的地理教科书上都会写道：黑龙江的平原上有延绵千里的黑色膏壤，而山峦上遍布着浓密的森林。黑龙江所在的中国东北，大部位于温带北部的西风带，且距离西北太平洋不远。相比华北平原等中原腹地，中国东北大部分地区夏季凉爽湿润，冬季寒冷多雪，水资源充沛。正是这样的气候条件，使得黑龙江省境内的山地生长起郁郁葱葱的温带针阔混交林或寒温带混交林，也成为黑龙江流域最重要的水源地。黑龙江、嫩江、松花江和乌苏里江从这些山地中汲取着滚滚向前的动力。在这样的气候条件下，夏季植物生长繁茂，而枯死的植物腐烂分解缓慢，于是形成了有机质含量极高的深厚黑土，染黑了滔滔向东的江水，在历史上哺育过众多如东北虎、丹顶鹤这样的壮美生灵，更成为现代农业发展的物质基础。

翻开地图可以了解到，黑龙江省的疆域大致可分为如下几大板块：最西北端是大兴安岭；西部是松嫩平原；自北向东南方向是小兴安岭；东南部则是自南向北的长白山余脉东部山地；极东端则是中国现存最大的沼泽湿地区域——三江平原（得名于黑龙江、乌苏里江和松花江）。

大兴安岭

大兴安岭自西南向东北横亘在蒙古高原和东北平原之间。黑龙江省的极西北端就是大兴安岭的北段，包含了大兴安岭最寒冷，且海拔最高的部分。中国的“北极”——漠河，也在这个地区。且漠河以上的黑龙江河段被称为额尔古纳河，漠河以下的部分才被称为黑龙江。

大兴安岭是中国最古老的山脉之一，早在两亿多年前的侏罗纪即开始隆起，经历了中生代到新生代的沧桑巨变，山势轮廓早已在时间的长河中变得圆融。大兴安岭坐落在中国东北，接近西伯利亚，是寒温带大陆性气候区与温带季风气候区的分界线。大兴安岭东坡及以东的松辽平原尚能受到来自热带海洋的夏季风的吹拂，但大兴安岭西坡则几乎终年受到来自蒙古高原和北极圈周围冻原的寒冷气流的控制。大兴安岭北部年均温度在 –4℃左右，冬季极端最低温度可接近 –50℃，是中国的寒极。大兴安岭北部年降水量达 500 毫米以上，无霜期仅 3 ～ 4 个月。在这种气候条件下，土壤中的水分不易蒸发，冬季冻土最深可达 3 米，而再往下则是永冻层。大兴安岭北部地区分布着大片连续的永冻层，地表水不能渗过永冻层，于是在夏秋季节便大量滞留在表土，尤其是地势平坦、低洼处，形成大面积的沼泽，乃至池塘。如此立地条件对大多数植物而言，哪怕是耐寒的云杉、冷杉和耐湿的柳树，都过于严苛，但却便于兴安落叶松—杜香林茂盛生长。而在大兴安岭海拔较低的多岩地区则生长着偃松林和赤松林。这些针叶林被砍伐后，高海拔地区会生长白桦次生林，低海拔地区会生长黑桦林。

大兴安岭海拔最高的地段还有一定面积的苔原草甸，其中曾经生活着柳雷鸟，近年还记录过雪鸮这样的北极明星物种。在大兴安岭的森林地表上生长着一层厚厚的苔藓、地衣，这是驯鹿最喜爱的食物。在内蒙古、黑龙江交界地带生活的鄂温克人至今还保留着放牧驯鹿的传统，这也是中国最后的“使鹿部”。比驯鹿生活的森林海拔更低的河谷、低地中生活着驼鹿、马鹿和狍子。驼鹿比其他鹿更喜欢在沼泽、湖泊中觅食水草，而马鹿则在较干燥的山麓生活，狍子见于各种生境，在最古老的原始林中，还生活着一种行踪最隐秘的鹿——原麝。棕熊是大兴安岭唯一的熊科动物，但生活在大兴安岭的棕熊毛色极深，近于黑色，它们也是大兴安岭地区体型最大的食肉目动物。狼在大兴安岭已经罕见，但猞猁还有一定数量。紫貂因其毛皮而闻名，大兴安岭也是它们在中国的主要分布区。在这些哺乳动物生活的森林中，还活跃着乌林鸮、长尾林鸮、北噪鸦、黑嘴松鸡等典型的泰加林鸟种。

松嫩平原

大兴安岭平缓的东坡向东缓缓消逝在广袤的松嫩平原中。松嫩平原是更广阔的松辽平原的一部分。这片由大兴安岭、小兴安岭、长白山等山脉围绕的沃土是中国三大平原之一，在黑龙江境内的部分广达近十万平方千米，并向南延伸至吉林、辽宁省境内。在一个多世纪前，这片茫茫原野几乎完全被近一人高的草丛和星罗棋布的沼泽水洼覆盖。得益于语文课本的传播而在中国广为人知的“棒打狍子瓢舀鱼，野鸡飞到饭锅里”的景象就来自这片广袤的原野。伴随着近代“闯关东”、中东铁路贯通等历史事件和相关进程的发生，大量移民在松嫩平原开垦出无垠的农田。如今，莽荒的草甸、湿地景象只能在平原最北缘的扎龙等地观赏到了。

第四纪冰期时，松嫩平原的环境近于今日的北极苔原。猛犸象、披毛犀、原始牛和野马在这片原野上驰骋。今天在哈尔滨附近的低洼地带还能挖掘出很多近于完整的冰河世纪的巨兽骨骼。在间冰期的温暖时代，湖泊、沼泽和河流在这片低地广布，松嫩平原又成为长途迁徙的水禽的重要停歇地和繁殖地。丹顶鹤无疑是这些鸟中最有魅力的种类。丹顶鹤是东亚文化圈中最为人熟知的鸟类，它们黑白分明的体羽和高大优雅的身姿自古代起就深深吸引了人们的关注。无论在中国、日本，还是在朝鲜半岛，丹顶鹤在它的历史分布区中都被认为是长寿的象征，而松嫩平原最北端是丹顶鹤在中国最重要的繁殖地。它们需要广袤、肥沃的原野草甸和浅水沼泽。这样的环境曾经遍布中国，从长江流域直至黑龙江流域。而如今，人们仅能在最近一个世纪才经历大规模农业开发的黑龙江流域看到洪泛平原的原始景观。

小兴安岭

松嫩平原东北向逶迤平缓的山脉是小兴安岭。第一次从哈尔滨乘火车前往伊春，小兴安岭的山林首次在眼前铺陈开的时候，我有种眼前一亮的感觉。彼时，我在大兴安岭西坡的额尔古纳河流域已经工作了两个夏季，看到的都是无边无际的白桦林和针叶林，但在小兴安岭却看到了繁茂美丽的阔叶林，其中有高大的橡树、青杨、红桦和岑树，以及罕见的黄檗（黄菠萝）树。在稍高一些的山坡上，则是苍劲挺拔的红松，树形全然不同于大兴安岭西坡常见的樟子松。小兴安岭不同于大兴安岭，植被更偏向温带落叶阔叶林，也就是那种曾经遍布华北，一直延伸到远东日本海沿岸、朝鲜半岛和日本列岛的森林。在这种森林中，曾经遍布着梅花鹿、狍子和野猪。马鹿只有在较高寒的地区才有，驼鹿则更罕见。曾经活跃在小兴安岭、体型最大的食肉动物是东北虎，而小兴安岭同时生活着亚洲黑熊和棕熊。除了小兴安岭及相连的东部山地，目前，这两种熊在中国仅在横断山区有零星的分布。棕熊通常生活在海拔较高的地方，而黑熊则生活在结实树种丰富的阔叶林中，秋季尤其喜食橡子。小兴安岭的阔叶林是更多鸟类的家园，其中包括中华秋沙鸭和鸳鸯这样的水禽。中华秋沙鸭和鸳鸯都喜欢有林木覆盖的水域，前者喜欢流水，而后者偏好静水，但它们都要在树洞中营巢孵化。所以有足够老（能产生足够大的树洞）的树木和清新充沛的水源，是这两种鸟生息繁衍的基本条件。它们秋季要向南迁徙，越冬范围几乎遍布整个东亚和东南亚北部，但依然要选择具备如上条件的地区作为停歇地或越冬地。还有一种可能已经在中国灭绝的鸟曾经生活在小兴安岭有中华秋沙鸭和鸳鸯嬉戏繁衍的水滨，这种鸟是世界上体型最大的猫头鹰，也是北温带唯一一种以水生动物作为主要食物的猫头鹰——毛腿渔鸮。这种蹲在地面身高也能超过半米的大猫头鹰几乎完全依靠鱼和两栖类等动物为食。它们在河流周围的老树林中栖息，夜晚在河滨大树上等待觅食的机会。它们能在林、水万籁中甄别鱼类游动划过水面的细微声响，进而定位猎物。只有河中鱼类众多、河岸又有足够面积的老树林，才能保障毛腿渔鸮的生息繁衍。事实上，河流两岸的老树林也是保障河流有充沛水源和清洁水质的前提条件。毛腿渔鸮就是河流生态健康程度最难得的指标性物种。遗憾的是，最近一次在小兴安岭记录到毛腿渔鸮已经是20世纪的事情。我们由衷希望随着天然林保护工程的实施和国家生态文明建设的深入，小兴安岭的森林能够越长越好，最终重现毛腿渔鸮的身影。

东部山地

小兴安岭向南和缓地延伸到东部山地。这里便是由完达山、张广才岭和老爷岭组成的长白山北上余脉了。第四纪冰期时，南下的很多物种从这里进入长白山腹地与朝鲜半岛避难，冰期后期又沿着这条线北归。而今，这里依然分布着的红松、胡桃楸、黄檗、水曲柳、山槐等与小兴安岭同种的第三纪孑遗物种。东部山地整体山势也较低平，只有张广才岭陡峻起伏较大，呈现出较明显的植物垂直分布带谱。位于张广才岭西坡的凤凰山主峰老爷岭是黑龙江的最高峰，海拔1696米。最高处不胜寒，风力强劲，不利于一般树种生长，但是岳桦却能够在1500米以上的地方生长并形成矮曲林，但随着海拔升高，风力增强，岳桦林也会变得稀疏起来。除岳桦外，在局部较干旱、土层瘠薄、岩石裸露地段或岩崖上，林木疏开处也混有另一种松科植物——偃松，它们甚至形成小片矮曲林与岳桦矮曲林的交错分布。不过，这种现象除张广才岭外，在整个东部山地并不常见。东部山地植被带是长白山脉延伸至黑龙江省最北地带，由于濒临日本海，暖湿的海洋风塑造了该区苍茫林海物种多样的温润气质，也使得这里成为狍子、野猪和马鹿最多的区域之一。这为东北虎豹建立家园、稳定生存奠定了坚实基础。2017年8月19日，东北虎豹国家公园管理局挂牌成立，地处南端的老爷岭一跃成为国际瞩目之地。

三江平原

东部山地是黑龙江省生物多样性最丰富的地区。在山地以北、小兴安岭以东便是中国大陆版图的极东端——三江平原。相对于松嫩平原，三江平原的开发历史更晚，虽然现在也有大面积农田，但在靠近中俄边界的地带还保留着一些原始景观，可以看到如大马哈鱼洄游等现象。而三江平原上生物多样性最突出的地区无疑是兴凯湖沿岸区域。兴凯湖位于中俄边境，大部分面积位于俄罗斯一侧，其北半部在中国境内。兴凯湖是远东第一大淡水湖泊，其中渔产极其丰富，而且大部分常见于中国东部温带地区的淡水鱼在兴凯湖中都能发现。例如，兴凯鱊这种大型鳑鲏，最先由西方科学家通过在兴凯湖采集到的标本命名，事实上却广布在中国长江以北的各大水系。兴凯鱊偏好拥有宽广水面的浅水湖泊，在繁殖季节之外甚少接近湖岸，对水质要求较高，如今在中国内地已经不是常见物种了。另外，兴凯湖中生活的中华鳖数量非常大，而在湖周的浅水区更有大面积的荷花和荇菜群落。俄罗斯一侧的兴凯湖也许是俄罗斯远东地区唯一能看到大片荷花的地方。总之，兴凯湖虽然地处东北，但确实展现的是一幅中国人熟知的荷叶田田的东部水乡景象。兴凯湖也是东北亚重要的候鸟停歇地，大量来自俄罗斯远东地区的鹤，包括丹顶鹤，都需要在此停留。而三江平原周边小兴安岭和完达山的森林沼泽中繁殖的白头鹤，秋季迁徙期间也经常在兴凯湖畔停歇。三江平原东南部的低山地区，自2000年以后就不时有东北虎活动的痕迹。这一带无疑是整个黑龙江省境内生物多样性最丰富的区域，今后再现鹿鸣虎啸的景象似乎并不是生态界遥不可及的梦想。

黑龙江省因江得名，其山系、水系都被黑龙江这条大河紧紧牵在一起。从大兴安岭的泰加林到莲花飘香的兴凯湖畔，黑龙江省展现了从寒温带到温带的宏伟画卷，更是诸多物种富饶的家园。

万物与共耐长冬

——黑龙江物种与环境适应

文＊张明海 冉景丞

“一方水土养一方人，一方水土育一方林”。一个区域的植被类型、生物种类、生物性状、景观分异等都与其背后的环境因素息息相关，是生物个体、种群、群落乃至整个生态系统对地质地貌、气候变化、食物来源、植被状况、土地性质及利用方式转变等的响应。生物通过改变生活史、形态、物候、生殖策略、生理结构等方式来适应环境、提高与环境的契合度，通过“竞争—选择—改变”这一规律，达到物种内、种群间、群落内外及生态系统在组成、结构、功能上的和谐、健康与完整。这就是达尔文进化论的中心思想——适者生存。

当然，也不排斥另一位生物学大师拉马克的理论——获得性遗传，毕竟有些行为特征和表现性状是在环境压力下，直接转变而后快速进入遗传序列的。适者生存也好，用进废退也好，抑或是获得性遗传，都是人们对生态系统内部现象的猜测和解释，其实生态系统内部还有许多更复杂的内容亟须我们深入研究。例如，物种与物种间、物种与环境间的物质、能量、信息交流及相互关系，环境变化对物种、种群、群落、生态系统生长发育、结构、功能等的影响，这些对我们维护生态系统、保护环境有非常重要的指导意义。

从大尺度上可将地球气候带划分为热带、温带和寒带。处于同一气候带内，也会因为地形地势、温度、降雨等不同，形成截然不同的小生境；还会因地质地貌和土壤湿度的不同，形成更丰富的微生境。这些多样的生境承载了复杂的物种多样性，构建了稳固的生态系统。

北国风貌——山多水富、地势平

黑龙江省地处中国东北端，环境独特。西北部的大兴安岭、中北部的小兴安岭及东部山地（张广才岭、老爷岭、完达山），约占全省面积的 24.7%，海拔 300 米以上的丘陵地带约占全省面积的 35.8%，而平原的面积只占全省面积的 37%。当然，黑龙江省还有由黑龙江、松花江、乌苏里江、绥芬河等多条河流，兴凯湖、镜泊湖、五大连池等众多湖泊，以及扎龙沼泽湿地等构成的水系系统。三江平原与松嫩平原是东北平原最重要的组成部分，海拔 50 ~ 200 米，虽然沼泽、泥炭地和冲积滩面积较大，但最适合耕种的区域已经变成了粮田和草原。因此，人们常将黑龙江地貌特征称为“五山一水一草三分田”。

北国气韵——雨热同期、冷风吹

生态系统的组成、结构与环境相辅相成，什么样的环境孕育什么样的生命。在黑龙江地区限制生物多样性、形态生理特征、生长发育的主要因素是其独特的气候。黑龙江省的气候特点，第一是严寒，一年有长达 5 个多月的冰雪期，平均气温一般比同纬度其他地区低 5 ~ 8℃，与其北纬以北 6 ~ 10 个纬度内的平均气温相当。这种极低温度决定了只有耐寒力极强的桦树、红松和落叶松等树种能很好地生存，以及那些耐寒的野生动物和脂肪丰富的鱼类得以繁衍生息。第二是风大，由于中部地势平坦，东北风长驱直入，顺势横扫中部大地，使黑龙江大部分地区都有大风天气，空气干燥，特别是秋冬季节。第三是雨热同期，夏季高温伴随丰沛的降水，植物便利用这段最佳发育期迅速生长，一年生植物可以短期成熟。气温较高而又不过热且昼夜温差较高，植物的籽实饱满，蛋白质含量丰富。正是这样的气候特点加上肥沃的土壤，让黑龙江的作物产量高、品质好。

环境的改变留给生物的选择不外乎两种：要么改变自己，要么接受死亡。当然这种自我改变的过程也包含了默默地抗争，生物也通过物理、化学等方式改变和创造着生境，最终达到两者相互适应、相互融合。在各种生境下发育与之相适应的植物、动物、微生物群落，是自然之道。有了对自然法则的认识和对黑龙江自然环境的了解，我们再来看今天黑龙江的物种状况，就不难理解为什么这里的物种是这样或那样的物种组成，总能找到与环境因子紧密相连的群落特征。

物种生存之道——植物的“断舍离”

为了适应黑龙江漫长而寒冷的冬季，植物一般采用落叶、弃枝，改变叶形、叶片结构或性状，形成或加强保护组织，调节光合作用、呼吸作用、水分利用方式，分泌抗寒物质等生理活动和改变物候期，如提前或延后发芽、放叶、开花与落叶日期等来应对严酷环境。桦树、椴树、落叶松等叶子较柔软的树种，为了保存实力又不被冻坏，总是在冬季来临之前脱掉全部树叶，紧缩导管，减少水分与养分的运移，停止光合作用，降低蒸腾作用，依靠生长季积累的能量、物质过冬。白桦、落叶松春季放叶早，秋季落叶晚，生长期较长。而胡桃楸、水曲柳和黄檗等树种放叶晚，落叶却很早，生长期很短，只有在水热条件最好的夏秋季高效地进行光合作用积累有机物质。像红松、云冷杉这种常绿的针叶树种在阔叶树放叶前和落叶后仍能进行光合作用，固定有机物。因针叶的表皮细胞强木质化，角质层厚，气孔稀疏下陷，进而减少因蒸腾作用而流失的水分，使植物更耐寒。这类植物还会分泌抗冻素，使之充满在身体的组织里，然后进入休眠状态。那些一年生的小草，总是用最短的时间完成生命周期，以种子的方式度过寒冬。而多年生草本像侧金盏花、顶冰花则多是抛弃地上部分，以地下根或地下茎等方式躲避寒冷。

物种生存之道——鸟兽的“移形换步”

动物们也通过各种变换来响应环境，重点表现在它们的“衣、食、住、行”上。面对环境变化，它们一般有两种选择，一是主动选择，即主动去寻找适合自己的环境，表现出来的现状就是迁徙；二是被动选择，即通过改变形态、行为、生理等来适应环境。当然这两者并非完全割裂，许多物种都会选择兼而有之。它们会增大个体质量、缩小身体突出部位，减少散热；改变毛被密度、针毛长度、鳞片结构，变换羽毛或皮毛的颜色，补充能量、增加脂肪量等形态方面的变化来适应环境。有一些物种会改变生命周期，用较短的时间完成生长繁殖过程。有些物种会尽可能地创造最优的后代成活条件，以卵胎生的方式确保更高的成活率。有些物种通过迁徙的方式去寻找新的适合自己的生境，如黑龙江南来北往的候鸟。而有些物种则寻找一处隐蔽性好又保暖的树洞或洞穴，利用冬眠等改变行为的方式来达到适应环境变化的目的。

兽类的被毛和鸟类的被羽的最大功能是保存体温，当然也不排除在繁殖期雄性用美丽的外表求偶或吸引天敌，保护雌性和幼体继续生存。除此之外，被毛和被羽还可以增强动物的隐蔽能力。对食草动物来说，逃脱天敌捕捉是生存下去的第一关。黑龙江的冬季漫长而寒冷，到处都是皑皑白雪，艳丽外装最易惹来杀身之祸，所以它们总会换上浅色的冬衣。例如，梅花鹿、马鹿、雪兔、狍子、驼鹿等动物的兽毛在冬天都清一色地接近灰白色。

为了抵御寒冷，毛被变得又密又长，更利于保暖，所以同一种类的动物生活在黑龙江省地区所长的针毛要比在南方的针毛更长，绒毛更致密，而且针毛上的毛鳞，也明显复杂许多。有些动物的针毛中空，更有利于隔离外界的冷空气。还有一种保暖的办法，就是将身体尽量包裹起来，减少裸露的面积，降低热量散失。北方的狐狸、豺、鼠兔等动物都把耳朵这种热量散失快、突出的器官变小，以减少热量流失。黑龙江的野猪、黑熊、鼯鼠、赤狐等动物的体型明显要比南方地区的同类动物的体型大，皮下脂肪也要厚很多。因为动物运动消耗的能量与体重成正比。热量从体表源源不断地向外辐射，表面积越大，热量流失越快，但体积越大，单位重量所占的表面积就越小。通过减少表面积与体重比的方式来保证热量的有效利用，是“大个子们”的本领。体格越大，需要更多的能量维持生命，心脏负荷就越重。所以体格不能无限制地长大，必须存在一种平衡，朝着最利于生存的方向发展。

冬季的食物难以获得，取食和捕猎的成本越来越高，许多动物选择了冬眠。大到黑熊、棕熊等，小到花鼠、鼯鼠，都是典型的冬眠动物，它们选择用降低消耗来渡过难关。有些动物冬眠很彻底，一般在冬眠期间不会醒来，必须等到第二年的春天。而有些动物则比较随性，只要环境稍好，即使是偶尔暖和，也会迅速醒来，享受生活。

选择留在黑龙江过冬的丹顶鹤，在越冬期，为了减少耗能多以站立为主。它们经常一动不动地站在那里，一不小心还会将脚冻在冰里。

选择什么样的环境生活也是一种生存策略，不同林型下生活着不同的物种、不同的群落类型，这一过程是环境与生物、生物与生物协同进化的结果。当然形成和获得这些性状是漫长的，每一个改变都是点滴积累的结果。假如环境改变快于适应速度，物种只能选择逃避。比如，当今全球气候逐渐变暖，驼鹿就只能向北迁移了。

物种生存之道——虫鱼之欢

恒温动物应对黑龙江气候的策略可谓花样繁多，那么那些没法保持体温的小虫子该怎么办呢？零下四十多摄氏度的冬天会不会让这里的昆虫灭绝？当然不会！昆虫为了安全度过寒冷的冬季，甚至学会了控制自身的发育阶段，可以休眠、滞育；生理上可以降低自身含水量，形成体内冰核物质。它们还有一个高招，就是迁飞，这也是主动选择逃避的策略。例如，蝶类往往集群飞向气候较温和的山谷越冬，既可以逃避寒冷，又可方便交配。躲避的地方可以是地下，也可以是洞穴，当然也可以是人类的房屋。昆虫一般蜷缩在自己建造的卵鞘里，胎生蜥蜴则藏在妈妈的肚子里。

然而，有一些动物天生不畏寒冷，如冷水鱼。只生活在典型的山涧溪流，从不进入大江和湖泊的黑龙江茴鱼，为了躲避干旱与冰冻，选择秋季洄游；偏爱生活于水质清澈、水温较低的平原区河流或大江深处的乌苏里白鲑，会随着温度的变化而选择取食地点；食性凶猛、喜生活在水流湍急的溪流里的哲罗鱼，会因水位变化而选择栖息地点。

目前，全球气候逐渐变暖，生物多样性、生物分布范围等也随之发生变化。黑龙江省作为北半球高纬度地区，是全球气候变暖影响最为显著的地区之一。多种植物的始花期和盛花期都有同步提前的趋势。但是，气候变暖对植物果实成熟期的影响并不相同，有的提前，有的延后。凡此种种，并非孤立事件，为植物传粉的昆虫、以植物为食的动物都会随之而动，层层递进直达食物链的顶端。

不管是花草树木，还是鸟兽虫鱼，都有其各自适应环境的特点，正所谓“物竞天择，适者生存”。然而，全球变暖、水源污染、土地污染、乱砍滥伐等破坏环境的行为在威胁动植物生存的同时，也威胁着人类自身的命运。飞鸟鲜花，众生一样，共生共享世间的空气和阳光。希望我们能够放慢改变环境的脚步，让物种有足够的时间去适应环境，让我们与大自然一起守护这里的生灵！

第二章　　智慧篇　　*

黑氏物语

100 个物种故事

II

[大兴安岭 / 小兴安岭 / 松嫩 · 三江平原 / 东部山地 / 黑龙江水]

大兴安岭 / 落叶飞歌

东部山地 / 虎啸山吟（完达山、张广才岭、老爷岭）

黑龙江水 / 大鱼之音

*

*

大兴安岭 / 落叶飞歌

兴安落叶松：酷冷不惧，浴火重生

“兴安落叶松叶落兴安”。因为兴安落叶松主要生长在大兴安岭、小兴安岭这样的寒温带，故取“兴安”为名，它又名为“一齐松”“意气松”，属松科，落叶松属。在18种落叶松中，就数它最耐寒，哪里最冷就长在哪里。犹如《冰与火之歌》中的“北境之王”，坚定不移地守卫着我国最北端，防止干冷的寒风将黑土地吹成沙漠。

在人们的记忆中，松树叶都会扎手，但兴安落叶松的叶子软得像线头一样，柔柔的，长约3厘米，散生于长枝或簇生于短枝之上，几根一簇数量不定，少则几根，多则十几根。兴安落叶松枝条稀疏，树皮纵裂成鳞片状，剥落后会露出紫红色的内皮，常有松萝依偎着它。记忆中的松柏都是长青的，但落叶松反其道而行之，秋天来临时，它像许多阔叶树种，如杨树、桦树那样，“脱掉”叶子以减少蒸腾，度过寒冬。

黑龙江的冬天特别冷，甚至冷到泼水成冰，人无法在户外过夜，照相机在野外都会罢工。但任尔风霜

* 物种资料：

兴安落叶松 *Larix gmelinii*

松目 Pinales

松科 Pinaceae

* 识别要点：

乔木，高可达35米，胸径约75厘米。大树树皮灰色至灰褐色，树冠圆锥形。叶倒披针状条形。球果幼时紫红色，成熟前卵圆形，成熟时上部的种鳞张开。种子斜卵圆形，灰白色，具淡褐色斑纹。花期为5～6月，球果9～10月成熟。

* 国内分布：

大兴安岭、小兴安岭。

雨雪，兴安落叶松自屹立不倒。它对付寒冬只用一招，那就是释放“冬眠素”。叶子们接到信号后纷纷脱落，光合作用停止，管胞中的水分减至最少。没有了水分，细胞免于被冻伤。在寒冷的冬天里，没有“头发”的兴安落叶松像个“光头”，有点丑，不过在最低温度可达 –51℃的大兴安岭，唯有落叶方能确保它等到来年冰雪消融时再复苏。

兴安落叶松不仅不怕冷，浴火也能重生。难道它有金钟罩或铁布衫？到底是何种“绝世神功”，让它可以游弋于冰火两重天呢？兴安落叶松用何种“神功”对付火，我们至今仍不得而知，只知道受高强度火烧后，浑身伤疤的它，来年仍会开枝散叶。

黑龙江的冬天长达六七个月，时间长，也很难熬。4 月时，天气开始回暖，盼望已久的春天终于来了。兴安落叶松的嫩芽竞相绽露，饥渴一冬的它再也顾不得“君子”的文雅形象，肆无忌惮的“吃喝”，只为能生长得更强壮。6 ~ 7 月，它们只顾着纵向长高；8 ~ 9 月，开始横向发展，一圈又一圈地长胖。与此同时，雌雄球果也在“风婆婆”的“说媒”下，结良缘，育松塔。它的松塔在松科植物中算是小家伙，一年一熟，顶部平，呈杯状，像一朵即将绽放的玫瑰花，“半掩娇容，待君采撷”。松子们张开小翅膀等风来，去远方，去开疆扩土，兴盛家族。

兴安落叶松忍耐力佳，竞争力强，寿命又长，在各种裸地上都能生长，寿命一般可达300年。黑龙江省地势平缓，海拔为50 ~ 200米，地下水位高，树木不用花费太多能量便能找到水源。兴安落叶松也是如此，根系总是分布在地表，所以它总是坦然地、四平八稳地站在那里，像个“铁骨铮铮的硬汉”。

黑龙江的版图形似一只天鹅，大部分天然兴安落叶松生长在漠河与黑河，占据了天鹅的头和颈部；当然在伊春、牡丹江、鸡西、鹤岗和双鸭山等地也有分布。因它成材快且材质好，以前多作为速生丰产林培育，用于木材生产。不过现在这些地区的兴安落叶松多数被保护起来，可以充分发挥它的生态效益。生态文明建设，需要它们。愿兴安落叶松能健康地生长，好好地护卫这一方水土。

撰文＊蒙文萍　审阅专家＊王晓春　摄影＊刘　冰

II [002]

樟子松：
与地下兵团结盟

* 物种资料：

樟子松 *Pinus sylvestris* var. *mongolica*

松目 Pinales

松科 Pinaceae

* 识别要点：

乔木，高可达25米，胸径约80厘米。大树树干下部灰褐色，上部树皮黄色至褐黄色。树冠呈圆顶或平顶形。针叶两针一束，硬直，常扭曲。球果长卵圆形，成熟前绿色，成熟时淡褐灰色。种子黑褐色，长卵圆形，微扁。花期为5～6月，果期为次年9～10月。

* 国内分布：

黑龙江与内蒙古东部。

冬季的黑龙江大兴安岭地区，低温与风雪笼罩着山野，沉沉睡去的冰面占据了河道，就连兴安落叶松的松针也掉光了，世界只剩黑白两色。这时，一片暗绿色的高大樟子松林意外地映入人们的眼帘，毫无惧色地宣告自己是大兴安岭森林的主人之一。

樟子松是松科松属的乔木，也是我国最耐寒的松属植物之一，产自黑龙江大兴安岭海拔400～900米的山地及内蒙古海拉尔一带。樟子松是大兴安岭寒温带针叶林的建群种之一，它的祖先是欧洲赤松。在新生代第四纪更新世的中晚期，欧洲赤松被迫由东西伯利亚向东南迁移至大兴安岭北部山地和内蒙古呼伦贝尔草原沙地，并在约一万年前形成我国樟子松。

与它的祖先相仿，樟子松保留了耐寒且耐旱的特性。它的角质层很厚，气孔下陷在叶腹褶皱的凹陷处，这样可以减少水分的蒸发。同时，大兴安岭这片分布着众多湿地和溪流的森林山地也给它带来了意外的挑战：大兴安岭北部山地降水量只有437～500毫米，蒸发量为 952 ~ 1199 毫米，空气干燥。为了适应干旱，樟子松进化出一套独特的生存策略——与地下兵团结盟。自然界常常出现跨界结盟的现象，目的是增强双方的生存能力。例如，在针阔混交林中，松鼠与红松、梅花鹿与松鸦、赤松和松茸……它们都形成了某种互惠互利或共生的关系。樟子松也采用了这种方法，它与厚环乳牛肝菌及点柄乳牛肝菌等真菌结盟共生，形成外生菌根。

菌根是真菌与植物根的共生体，外生菌根是菌根形态的一种：真菌的菌丝生长在樟子松幼根的表面，形成菌根鞘，但并不侵入细胞的原生质中。通过菌根，樟子松供给真菌生存需要的物质能量，而真菌则帮助樟子松吸收无机矿物质。由于菌根真菌能在土壤中形成庞大的菌丝网，相当于增大了根系的吸收面积，并增加植物与土壤的水压，促进根系对水分的吸收，因此能大大改善樟子松的水分状况，提高樟子松抵御干旱胁迫的能力。研究表明，有菌根的樟子松在干旱危机中能支撑更长的时间，临界致死时间也有较大幅度的延长。

由于大兴安岭基岩的花岗岩坚硬，土壤很薄，樟子松的根系无法扎入，因此它们的侧根发达。这种侧根对樟子松在春天大风环境中抓牢地面发挥着重要作用。

为了在大兴安岭地区扎根，樟子松还是一位勤奋的自我更新劳动者。它们的寿命为 150 ~ 200 年，从

15 ~ 20 年起开始结球果，球果里的种子第二年秋季才成熟。樟子松种子粒小并带有膜质种翅，可借风力传播 500 ~ 800 米的距离。

菌根真菌的宿主包括木本和草本植物，约 2000 种，松类、栎类和桤木等树种的根部都有菌根菌与苗木共生，只是人们知道这个秘密不过百余年。

撰文＊刘艳丽　审阅专家＊穆立蔷　摄影＊陈海龙 刘 冰

II［003］

鱼鳞云杉：一身鱼鳞，一杉向云

裸子植物是地球上最早利用种子进行有性繁殖的植物，最早出现于古生代。它们的老祖宗在中生代至新生代时期遍布天下。它们称霸世界的时候，哪里轮得到苔藓、蕨类和被子植物三兄弟遍地散种，四处扎根？如今，家道中落，到现代裸子植物这一辈，只余下松、杉和柏等几大科属于裸子植物这一门了。据统计，植物界共50多万种，全世界现存的裸子植物约有850种，其种数仅为被子植物种数的0.36%。鱼鳞云杉是松科家族的成员，属于云杉属，地位仅次于松属和冷杉属。鱼鳞云杉成材后，树皮呈灰褐色或黑褐色的圆形或近圆形的块状裂片，状似鱼鳞。若到森林里寻访它，这是最好的辨认特征。也许正因为身披如此与众不同的“外衣”，人们才叫它鱼鳞云杉。此外，它还有“鱼鳞松”和“白松”的别名。鱼鳞云杉与漠河兴安松、翠岗水曲柳、大子扬山紫椴并称为“大兴安岭四珍”。

鱼鳞云杉是大兴安岭珍贵的造林绿化和用材树种，天然分布区狭窄，种质资源珍稀。仅集中分布在塔河

* 物种资料：

鱼鳞云杉 *Picea jezoensis* var. *microsperma*

松目 Pinales

松科 Pinaceae

* 识别要点：

乔木，高达30～40米，胸径可达1.5米。大树树皮灰色，树冠尖塔形。叶条形，扁平，先端微钝，呈光绿色。球果单生枝顶，下垂，矩圆状圆柱形，成熟前绿色，成熟时褐色或淡黄褐色；种子上端有小翅。花期为5～6月，果期为9～10月。

* 国内分布：

大兴安岭、小兴安岭和松花江流域中下游。

蒙克山的罗奇大岭狭窄的自然保护地，面积不足20平方千米，常与樟子松、兴安落叶松等组成混交林。

云杉属家族起源于北美，然后扩散到欧亚大陆。在地质历史的冰川时期，这个家族曾经广布于北半球的平原或低海拔地区。冰川结束后，这些低海拔地区被其他喜暖植物占据，云杉就退缩到海拔更高或纬度更高的地方。鱼鳞云杉有好几个兄弟姐妹，如虾夷云杉、长白鱼鳞云杉和卵果鱼鳞云杉。在冰川时期它们本是同母所生，后来随着全球气候变暖，它们分别向局部山地退缩，彼此逐渐失去了联系。鱼鳞云杉退缩到大兴安岭、小兴安岭一带，长白鱼鳞云杉退到长白山，虾夷云杉退到日本北海道，卵果鱼鳞云杉则退到俄罗斯的远东地区。于是，漫长的地质变迁，造成了云杉家族各成员的隔离分布。

鱼鳞云杉属常绿大乔木，身材魁梧，终生顶着尖塔形或圆柱形的脑袋，成材时高度可达20 ~ 50米，胸径可达1.5米。它喜生长在土层深厚、湿润、肥沃且排水良好的微酸性棕色森林土壤上，害怕干燥瘠薄的山地。怕热不怕冷是鱼鳞云杉的秉性，因此有学者发现它的年轮宽度有随温度升高而下降的“分离现象”，这也是它与红松的一大不同之处。

鱼鳞云杉一生处世低调，却又不凡。幼年时，它默默地在林下层吮吸着天地之精华，不会引起他人的关注；长大成材后，它可是黑龙江森林的优势种，与红松等哥们儿为整片森林撑起一片天。它没有被子植物那般色彩妖艳或形状各异的花朵，仅凭借不显眼的球花传宗接代。每年 5 ~ 6 月是它开花、传粉和受精的时间。9 月鳞果成熟，种子细小，呈黑色卵形，这时到了子女各自打天下，行走江湖的时候了。

鱼鳞云杉绝不做孤独的王，它一生有许多好友相伴。鱼鳞云杉常与红松、冷杉、落叶松、色木槭、椴树、枫桦和白桦等好友和谐伴生，共同组建起黑土地上的绿色海洋。小白桦算是它情深义重的好哥们，特别是在幼苗时期，鱼鳞云杉长得特别慢，害怕强烈的阳光。小白桦便快速长大，庇护它顺利成长。有良朋相伴，一起努力生长，共同组成地球之肺——森林，一起发挥着涵养水源、制造氧气和净化环境的作用。

撰文 * 方忠艳　审阅专家 * 王晓春　摄影 * 周海城

II［004］

钻天柳：东北亚长得最快的树

* 物种资料：

钻天柳 *Chosenia arbutifolia*
金虎尾目 Malpighiales
杨柳科 Salicaceae

* 识别要点：

乔木，高可达30米，胸径约80厘米。树皮褐灰色，树冠圆柱形。叶互生，短渐尖，边缘有锯齿。雌雄异株，柔荑花序，雄花序下垂，雌花序直立或斜展。蒴果2瓣裂，种子长椭圆形。花期为5月，果期为6月。

* 国内分布：

黑龙江、吉林、辽宁和内蒙古东部。

不知道会不会有人怀念杨柳科的纯真年代，那个全科只有两个属——杨属和柳属的年代。这个年代始于1753年，彼时林奈发表了《植物种志》；终结于1920年，日本植物学家中井猛之进描述了一个新属，并用它的产地朝鲜的英文名“Chosen”为其命名“Chosenia”，即钻天柳属，这个属只有一个种。在接下来的近100年里，植物分类学家一直纠结于这三个属的拆分合并。直至APG系统（现代植物分类学系统）的出现和完善，最终让杨柳科由一个3属650种的清纯小科，变成了58属1200余种的妖艳类群。

然而，在如今的“钻天柳”学名里，并没有中井猛之进的命名痕迹。因为中井只命名了钻天柳属，而“钻天柳”这个物种早在1788年就已经被Peter Simon Pallas描述过了。1958年当A.K. Skvortsov对钻天柳的名称进行重新组合之后，中井的名字就从命名人里消失了。

中井把钻天柳属独立出来的主要依据，是这种植物的花序形态和花部特征介于杨属和柳属之间。我们知道，杨树属于风媒传粉，它的柔荑花序下垂，有花盘，没有蜜腺；柳树属于虫媒传粉，它的柔荑花序直立，没有花盘，有蜜腺。而钻天柳虽然是风媒传粉，但它的特点是雄花序下垂，雌花序直立，两种性别的花都没有蜜腺。如果按照某些分类法把钻天柳纳入柳属的话，那它的传粉方式在以虫媒传粉为主的柳属里是个异类。当然，钻天柳的种子和杨树、柳树一样，都有很多絮状的毛，风一吹满天飞。在散播种子的时节，这三类植物的受讨厌程度不相上下。

钻天柳的营养器官特征多少也介于杨属和柳属之间。通常来说，杨属是大乔木，叶子呈较宽的三角形；柳属则有很多矮小的灌木，甚至有匍匐和垫状生长的种类，叶子呈较窄的披针形。钻天柳的叶子一看就是典型的“柳树叶”，比较狭长，难怪 Pallas 认为它是一种柳树。然而这是一种能长到 30 米高的柳树，树形紧凑而挺拔，故有“钻天”之名。

在中国东北、俄罗斯远东、日本和朝鲜半岛的森林地区旅行时，我们经常能在河流两岸见到以钻天柳为优势种的群落。有趣的是，这些群落里的乔木层和灌木层都是钻天柳。在种子萌发之后的头几年，钻天柳没有明显的主干，整个植株是灌木状的，有时候枝条甚至完全贴着地面生长。灌丛中的枝条每年秋天都会脱落，借此减少水分的消耗，以度过严冬。大概生长到七八岁时，历经多年淘汰，剩下最强壮的枝条成

为主干，钻天柳开始快速长高，整个植株随之由灌木变成乔木。

钻天柳是东北亚地区长得最快的树，在寿命的前 30 年里，每年能长高将近 1 米。钻天柳林在 60 年里积累的生物量，相当于它身后的针叶林两三百年的积蓄。不过因为它长得太快，所以木材比较软，虽然也可用于建材和家具，但档次不高。随着生境的破坏及自然更新贫弱，钻天柳的野生种群正受到威胁。《世界自然保护联盟濒危物种红色名录》对它的评估等级是“易危”，和最近调整后的大熊猫一样。

撰文 * 顾　垒　审阅专家 * 王晓春　摄影 * 朴龙国

II [005]

偃松：
爬成灌木亦为松

说到松，大家的第一印象往往是高大、挺拔、笔直且顶端优势明显的塔形植物，大多成片生长在土壤肥沃湿润的山麓上。但在大兴安岭还有另外一种松，形态上曲干枝虬，生生把自己活成了一株灌木，它就是偃松，又名爬松、马尾松或矮松等。

偃松是松科松属五针松组植物，与本组的红松、华山松和新疆五针松一样，它也有既可食用又可榨油的果实，但松塔的大小远不如其他3种。偃松的球果大小只有3 ~ 4.5厘米，而华山松的松塔球果可达10 ~ 20厘米；在身形上，偃松虽然蜿蜒曲折10米有余，但身高只有3 ~ 6米，而五针松则高达几十米。

偃松的松塔虽小，但偃松子的营养却不输任何一种松子。偃松的松子历经了一年孕育、一年开花和一年成熟的千日之功后，集千日的风吹日晒与朝露晚霞，终将所有精华凝练于果实内，故能担当“千日果”的美誉，更能胜任“长生果”的美名。

偃松喜欢生长在山岭上，并且由北向南，爬得越来

* 物种资料：

偃松 *Pinus pumila*
松目 Pinales
松科 Pinaceae

* 识别要点：

灌木，高达3～6米。树皮灰褐色，树干通常呈伏卧状，基部多分枝。针叶5针一束，较细短，硬直而微弯，长4～6厘米。雄球花椭圆形，黄色；雌球花和小球果单生或两三个集生，卵圆形，紫色或红紫色。球果直立，圆锥状，成熟时淡紫褐色。花期为6～7月，球果于次年9月成熟。

* 国内分布：

黑龙江、吉林、内蒙古。

越高。有诗曰：“偃松千岭上，杂雨二陵间。”在黑龙江省的大兴安岭，海拔700米以上便可看到它的身影；到了吉林的长白山，则要爬到海拔1500米以上才能得见它的芳容。登顶的道路往往是孤独的，海拔700米以上的地带，偃松在岳桦或落叶松的掩护下，作为灌木层掩映在乔木之下；而到了海拔1000米以上，则只有偃松一路高歌猛进，独自形成了天然矮曲林。可以说，偃松以一己之力，将东北地区的森林林线向上推进了一个梯度。

“松在风头上，岂能不低头。”山顶土壤瘠薄干旱，阳光强烈且直射，冬日极寒更风强雪厚，但偃松匍匐的枝干使之能够适应这种环境，使它在山顶的穷冬猎风和数米积雪中“不动安如山”。偃松的针形叶覆盖着厚厚的角质层和蜡质层，有效地减少了水分蒸发，避免了冻害的发生，这才使偃松四季常青。而且偃松深知独木难成林的道理，其生长多是成群落分布，形成偃松灌丛。这种灌丛一方面其侧根可相互连接为“命运共同体”，提高土壤养分利用率，共同对抗恶劣的生存环境；另一方面灌丛的密度给风媒传粉带来便利，保证了种群的延续。

爬山，给了偃松会当凌绝顶，一览众山小的豪情；给了偃松得天独厚的地理位置，让它拥有充足的光照雨露；也给了人类采摘松塔提供了便利。由于偃松种子壳薄、易食、营养丰富且具有较高的保健效果，导致偃松子市场行情一路走俏。在利益的驱使下，林区百姓大量采集偃松塔，采集过程中树枝易受损。另外，偃松易燃，加之山顶的高风和密集的矮曲林给火势蔓延提供了极大的便利，这导致采集期人为火灾多发，随之而来的便是自然资源持续减少，着实令人心痛。

“不登高峰不识偃，

迂回匍匐心志坚。

风急雪怒兴安岭，

爬松展颜在山巅。”

仅此拙作送给想见但又未见过偃松的朋友。偃松能涵养水源，保护高山水土不流失，让我们一起保护它和它赖以生存的环境吧！

撰文＊王美娟　审阅专家＊郑宝江　摄影＊周海城　郑宝江

II ［006］

东北岩高兰：花开碎石滩

* 物种资料：

东北岩高兰 *Empetrum nigrum* var. *japonicum*
杜鹃花目 Ericales
杜鹃花科 Ericaceae

* 识别要点：

常绿匍匐状小灌木，高约0.5米，多分枝，小枝红褐色。叶轮生，线形，先端钝，边缘略反卷，叶面具皱纹，有光泽。花暗红色，单性异株，1～3朵生于上部叶腋。果径约0.5厘米，成熟时紫红色至黑色。花、果期为6～8月。

* 国内分布：

黑龙江大兴安岭北部、吉林长白山和内蒙古东北部。

在黑龙江的大兴安岭，有一座常年积雪的高山，它便是大兴安岭北段的最高峰大白山。大白山的北坡一年三季积雪，气候恶劣，就连耐寒的泰加林到这里也终止了脚步，仅剩下躲在石缝里的地衣和低矮的小灌木。然而有一种珍稀的小野果却生长在这片连森林都却步的高山上，它就是东北岩高兰。

在大白山海拔超过1400米的山顶区域，因其高纬度且高海拔，使这里堪称“生命的禁区”。在荒寒的景象中，只有被冰雪冻裂且风化的裸露碎石滩。地衣在裸露的岩石上艰难地生存；低矮的偃松凭借石缝中的少许土壤，匍匐在冰冷的寒风中。这里没有艳丽的花朵与鲜亮的绿叶，只有僵硬的冻土与冰冷的石海。在七八月难得的无雪期，忍受着寒冷煎熬的东北岩高兰开始返青生发。它看上去像低矮的草丛，只有仔细观察才会发现，原来它是多年生的小灌木。艰苦的生境让它躲在碎石间，叶片小而细密，仿佛多肉草本一般。

为了适应高山寒冷的环境，东北岩高兰的植株变得低矮厚实，形成垫状形态，这样可以将阳光的热量保留在植株的根部。东北岩高兰的叶片短小，可以防止水分损失，同时避免冬天厚厚的积雪冻伤叶片。东北岩高兰的叶片边缘向叶背方向卷曲，在叶背面形成了一个细小的管道；叶背面还密布着茸毛，如此可以留住碎石滩上不多的水分。如此低矮的东北岩高兰在短暂的夏季生长开花，花极小，花被微微张开，裸露出长长的花丝，利用风来传播花粉。短暂的温暖即将过去，因此东北岩高兰的果实一定要迅速成熟。它的果实像一粒粒黑色的珍珠缀在叶丛中，是高寒地区少有的可口浆果。

东北岩高兰费尽心思结出的果实是鸟儿的最爱，南下的候鸟在迁徙的路上以东北岩高兰的浆果充饥，再将它的种子带到遥远的地方。东北岩高兰所属的岩高兰属是一个物种很少的小属，这个属中只有 4 ～ 6 个物种，但是它们的分布范围却非常有趣：其中一部分分布在北极附近的寒温带和寒带；另一部分则分布在地球另一端的南美洲最南端。这种对称的间断分布正是候鸟的功劳，它们携带着岩高兰的种子，让这一物种在地球的两端都能生根发芽。

东北岩高兰的独有特质让人们颇感兴趣，这种出现在高寒地带的小野果的生存范围并不仅限于高海拔的山顶，它们在较低海拔的森林边缘也有分布。在大兴安岭海拔约 400 米的开阔林地中，也发现了东北岩高兰的踪迹。只是在资源充沛的环境里，东北岩高兰

的形态发生了变化，它不再瘦弱低矮，而是成长为近1米高的小灌木。不过，无论它生长在哪里，都会继续开花结果，将果实献给那些曾经带它远走他方的鸟儿们。

撰文＊方　杰　审阅专家＊王晓春　摄影＊周海城

II [007]

兴安杜鹃：
常绿冷美人

5月伊始，兴安落叶松林中仍是白雪皑皑。不过寒气氤氲的林间，却有阵阵幽香，原来这林中不止有皑皑雪白，更有丛丛花红。粉紫色的花朵铺满林间，一团团，一簇簇，在这天寒地冻的林间顶雪怒放，对冰封的大地宣布："春天来了！"

这种兴安杜鹃是兴安岭上的冷美人，它对自己生活的家园要求颇高：气候需凉爽，忌高温炎热；喜温润，喜酸性土壤，对土壤的酸碱度要求严格，pH在5～6才适宜；喜排水良好地段，忌低洼积水；喜腐殖质丰富的松软土，忌黏重土。只有这些条件都满足，才能算是兴安冷美人眼里的理想家园。

外表冰冷挑剔的它既美丽又智慧。兴安杜鹃生长缓慢，这种"慢"节奏是为了适应兴安岭入冬早，入春迟的气候。它在上一年的初冬开始酝酿自己的花苞，等到春雪一消融便立刻绽放，形成顶雪怒放的美景。兴安杜鹃选择顶雪怒放还有一点"小心思"：此时的乔木层还没有长出叶子，它便可以吸收充足的阳光来

* 物种资料：

兴安杜鹃 *Rhododendron dauricum*
杜鹃花目 Ericales
杜鹃花科 Ericaceae

* 识别要点：

半常绿灌木，高0.5～1.5米，分枝多。叶片近革质，椭圆形，两端钝，边缘少锯齿；花序腋生枝顶，具1～4朵花；花冠宽漏斗状，粉红色或紫红色。蒴果长圆柱形。花期为5～6月，果期为7月。

* 国内分布：

黑龙江、内蒙古东部、吉林和辽宁东部。

开花长叶。兴安杜鹃的“姐妹”遍布世界各地，在中国，大部分杜鹃花主要生长在西南山区，像兴安杜鹃这样生活在高寒地区的品种很少。它的“亲戚”迎红杜鹃生活在东北南部和华北地区，虽然相去不远，但生活习性迥异。迎红杜鹃是落叶灌木；而兴安杜鹃“认为”常绿比较划算，于是因时就势地成为常绿灌木，免去了每年落叶和换叶的消耗。就在这落与不落的选择间，让兴安杜鹃又往北多“走”了一截，才能欣赏到黑龙江的壮丽景色。往北多“走”的这一截，也让这位“兴安冷美人”遇见了生生世世的相伴者——被称为“兴安暖公子”的兴安落叶松。若问它们之间的情谊如何？你只需将兴安杜鹃的叶子揉碎，再闻一闻兴安落叶松的叶子，便可发现它们的味道相差无几。

说起“兴安冷美人”与“兴安暖公子”之间的情谊，还要追溯到第三纪时期。兴安落叶松是由千岛落叶松在第三纪进化而来的，而兴安杜鹃是第三纪孑遗种，二者仿佛一个是新朝公子，一个是前朝公主。从那时开始，它们便相互陪伴左右，不离不弃至今。

万物相生相克，兴安杜鹃与兴安落叶松之间即为此理。兴安杜鹃属于耐半阴植物，一定的散射光有助于其更好地生长；特别是当它处于开花期时，如果能够在适当的遮阴环境中，花期会延长很久。一般在桦木林与山地落叶松林下或林缘，兴安杜鹃的生长和开花都较好。因此，兴安杜鹃选择与兴安落叶松成为“好友”便不足为奇了。实际上，兴安落叶松也离不开兴安杜鹃。兴安落叶松的更新是在有光斑的环境下进行的，杜鹃花科植物对于加速兴安落叶松的生物残体分解、涵养地表水分和养分也发挥着重要作用。构成了兴安落叶松与大气、地表土壤环境交换的保护膜和屏蔽层，保证了兴安落叶松林生长的地表环境在温度、湿度、水分循环和养分运输方面的稳定性，促进兴安落叶松林的健康发育。

也许是因为有“挚爱”相伴，“兴安冷美人”只是外表冷艳，实则内心温暖。兴安杜鹃的花朵不仅令人赏心悦目，而且可制成美食让人大快朵颐，它还是蜜源的一种；叶可入药救人，亦可提取香料；根可成药，也可制作根雕。它全身上下都具有实用价值。兴安杜鹃耐贫瘠和干旱，还可防止山崖与陡坡的水土流失。难怪古人把杜鹃花誉为“花中西施”，这位花中西施不得不让人对它心生敬意。在兴安岭上，兴安杜鹃与兴安落叶松交融期间一红一绿，一冷一暖，生生相伴，携手千年。

撰文＊黄怀凤　审阅专家＊王晓春　摄影＊周海城　李长海　王成义

Ⅱ［008］

笃斯越橘：“中国蓝莓”的传奇

* 物种资料：

笃斯越橘 *Vaccinium uliginosum*
杜鹃花目 Ericales
杜鹃花科 Ericaceae

* 识别要点：

落叶灌木，高可达1米，多分枝。茎短而细瘦，幼枝有微柔毛，老枝无毛。叶多数，散生，叶片纸质，椭圆形，边缘无锯齿。花下垂，花冠绿白色，宽坛状。浆果近球形，直径约1厘米，成熟时蓝紫色，被白粉。花期为6月，果期为7～8月。

* 国内分布：

黑龙江大兴安岭北部、吉林长白山及内蒙古东北部。

黑龙江北部的大兴安岭生长着茂密的寒温带针叶林。这里虽然气候寒冷，却因为黑龙江带来的水汽而异常潮湿。冬季冰雪封冻，万里不见生机；但春夏融雪之际，冰雪下厚厚的苔藓和灌木显露出来，又充满了绿色的生机。在针叶林中，生长着一种被当地人称为“都柿”的小野果。果实虽小，却是生活在森林里的鄂温克族人喜欢的食物，用它制作的果酱和果酒是当地人日常的调味品。这种深紫色的小野果名叫笃斯越橘，它是一种只生长在寒温带针叶林中的杜鹃花科的矮小灌木。

提起笃斯越橘，这种蓝黑色、圆溜溜且布满白粉的果实，与我们在水果店看到的蓝莓非常相似。没错，笃斯越橘其实是“蓝莓”的一种。在笃斯越橘所属的越橘属植物中，大多数种类的果实都是味道可口的小浆果。有些种类的果实虽然颜色紫黑，但因为表皮有白粉“修饰”，而呈现出美丽的蓝紫色，这些种类的果实便被人们统称为“蓝莓”。市场中的蓝莓种类很多，在水果店看到的蓝莓是原产于北美的北方高丛越橘；真正中国国产的蓝莓只有一种，它便是生长在大兴安岭、小兴安岭及长白山的笃斯越橘。

和很多常见的水果不同，笃斯越橘喜欢生长在寒冷的针叶林中，由此显得略为珍贵。大兴安岭的森林分布随海拔而变化：低海拔地区是阔叶针叶混交林，林下腐殖质虽然厚实，却很少看到笃斯越橘的身影；海拔 400 ~ 1600 米的区域是比较单纯的落叶松林，林下长满了松软厚实的苔藓，这种潮湿松软的林下的酸性土壤才是笃斯越橘最喜欢的家园。

笃斯越橘生活的寒温带针叶林生长在大兴安岭火山岩基岩上，高大挺拔的落叶松用它的根系腐蚀并牢固地扎根在火山岩上。乔木的落叶为原本贫瘠的火山岩带来了有机质，依托乔木的稳固和厚实的落叶苔藓，笃斯越橘在这种环境里欢快生长。密实松软的苔藓一层又一层，形成了厚且富含水分的泥炭层。泥炭层腐殖质丰厚，表面又有苔藓吸水保水，于是林间低矮的灌木便以此为土壤栖息。笃斯越橘是这里的住客，它的根系游走在泥炭层和苔藓层中，鲜见于火山岩层中。

笃斯越橘的这种习性是因为在生长发育时它需要与真菌共生。在森林的基质层中，营养物质的交流是通过真菌完成的。乔木与真菌共生，分泌出酸性物质以腐蚀岩石，获取矿物质并形成土壤；苔藓与真菌共生，分解落叶和火山岩，以获得有机质和矿物；笃斯越橘也与真菌共生，从土壤和苔藓泥炭层中获取养分。与

笃斯越橘共生的真菌种类繁多，有十几种之多。真菌直接侵染笃斯越橘的根系，它在不同的成长时期与不同的真菌发生共生，而这些共生的菌根为笃斯越橘的生长发育提供了不同阶段的“营养套餐”。

在看似简单却复杂的森林环境里，笃斯越橘这种小小的野果灌木却拥有如此不凡的生存智慧。

撰文＊方　杰　审阅专家＊郑宝江　摄影＊蔡体久

紫花高乌头：
雌雄花朵次第熟

在兴安岭海拔超过 1400 米的高山草甸、林缘、林下或林间空地上，生长着一种全株有毒的植物。它与蹒跚学步的孩童一般高，顶上密密地开满紫色的花。虽自身含毒，却有一个好听的名字——紫花高乌头。它聪慧巧妙地主宰着自己的物种延续，其毒性也可以主宰其他生物的生与死。

生活需要做减法，幸福指数才能上升。紫花高乌头就是一个善于做减法的智者，它将花瓣退化成柄状，使花萼鲜艳，代替花瓣的作用，既减轻了“生活压力”，又不降低“生活品质”。紫花高乌头中下部为柄状，先端则呈球状，里面藏有花蜜，这是一种是吸引昆虫的特殊结构。昆虫只有将头部伸到花里面，才能够得着花瓣先端的花蜜。在吸食花蜜的同时，雄蕊上的花粉会涂抹到昆虫身上；当虫儿拜访另一朵花时，花粉就会涂抹到雌蕊的柱头上，从而达到传粉目的。

为了实现异花传粉，紫花高乌头巧妙地安排它的花朵。因为同一朵花内既有雌蕊又有雄蕊，为了避免“近

* 物种资料：

紫花高乌头 *Aconitum excelsum*
毛茛目 Ranunculales
毛茛科 Ranunculaceae

* 识别要点：

草本，茎高约 85 厘米，中部具向下斜展的短柔毛，下部无毛。基生叶 1 片，在开花时枯萎。叶片表面被短伏毛，长约 10 厘米，宽约 20 厘米。总状花序长约 12 厘米，含紫色小花数十朵。花期为 7 月。

* 国内分布：

黑龙江西部和辽宁西北部。

亲结婚”，它将自己同一花序的不同花朵安排成雌雄蕊异熟，上部花雄蕊成熟，下部花则安排雌蕊成熟。当传粉的蜂类自下而上访问每一朵花时，紫花高乌头的目的就达到了：一方面可以接受其他花朵的花粉，另一方面还可以带走本朵花的花粉，传给其他的花。紫花高乌头凭借自己的智慧，在这个纷繁复杂的世界成功地存活了下来，生生不息。

紫花高乌头不光可以主宰自己的物种存续，还可以主宰其他生物的“生死”。如此美丽的花与叶，却全身都是毒，如果人食用大量的叶子或块根，会导致中毒而死；对人如此，对其他哺乳动物也有同样的效果。它利用全身的毒素保护自己不被牛羊等食草动物啃食，在我国某些地区，民间还曾用它的块根来制造毒箭，用以猎射野兽。

一株小小的草却拥有大智慧，一减一加，一先一后之间，都是生命延续的智慧。

撰文＊黄怀凤　审阅专家＊郑宝江　摄影＊刘　冰

[010]

双刺茶藨子：就是不让走兽吃

“茶藨子”这个名字很有意思。“藨”字音“泡”，意思也与泡相近。“茶藨子”的本意是一种煎茶用的茶壶，个头扁圆，没有足，也没有盖子，只有一个短把。人们之所以用这种茶具来命名植物，是因为这种植物的果实扁圆，颜色大多红彤彤的，形如茶壶。如今人们喝茶已经很少采用煎茶的方式了，于是茶藨子这种茶具被人遗忘了，而果实的名字却保留下来。

茶藨子作为山野果，在森林及林缘地带很常见。它们大多喜欢凉爽且湿润的气候，在高山森林环境里，茶藨子的种类尤为繁多。大多数茶藨子的果实可以吃，但是通常小而酸，果实虽然多汁，但种子也不少，并不可口。欧洲有几种果实较大的种类，经过人类驯化后用于食用，味道也是酸而微甜，故有人将其翻译为“醋栗”。在欧洲的食用种类中，有一种果实黑紫的黑茶藨子被人们称作“黑加仑”，它的味道酸甜尚可，已成为茶藨子的代言人了，在东北地区也有广泛野生和栽培。在黑龙江大兴安岭的山林里，有一种茶藨子

* 物种资料：

双刺茶藨子 *Ribes diacanthum*
虎耳草目 Saxifragales
茶藨子科 Grossulariaceae

* 识别要点：

落叶灌木，高 1 ~ 2 米。小枝较平滑，灰褐色。叶掌状，长约 3 厘米，宽约 2 厘米，基部楔形，边缘具粗大锯齿。花单性，雌雄异株，组成总状花序。小花黄绿色。果实球形，直径约 0.7 厘米，红色或红黑色，无毛。花期为 5 ~ 6 月，果期为 8 ~ 9 月。

* 国内分布：

黑龙江、吉林和内蒙古东部。

成熟后味道也不错。因为它的果实红中带黑，于是也有人把它当作“黑加仑”来采食，它就是双刺茶藨子。

双刺茶藨子喜欢生长在比较稀疏的针阔混交林下，这种树林中的光线像纯林那样郁蔽。双刺茶藨子作为一种并不高大的灌木，可以在这样的环境中茁壮成长。双刺茶藨子于初夏开花，黄绿色的小花并不惹眼，成串地垂在并不丰满的枝叶下。初秋果实逐渐成熟，先是碧绿如翡翠珠儿的小粒串果，然后渐渐被秋色濡染，越发红润起来。林间渐入深秋，树木的叶子落去大半时，双刺茶藨子红彤彤的果实成串地挂在枝头，非常醒目，很远就能看到。

这种晶莹剔透的小果子如此招摇，是想吸引飞过的鸟儿们。有不少果实艳丽的灌木，所结的果实不肯让林间的走兽享用，哪怕是栖息在树上的小兽也不行。因为这些灌木的种子没有厚种皮的保护，经过哺乳动物强大的消化系统之后，往往会失去活性而无法发芽。但鸟类的消化系统相对较短，而且代谢速度较快，种子被吞食消化后，依然可以发芽。同时，它们还可以借助鸟儿的翅膀，将弱小的种子散播到更远的地方。

可是这果实如此可口，自然会吸引诸如松鼠等活泼又爱攀爬的小兽类。双刺茶藨子为了防止小兽们取食可口的果实，便在茎节上生出一对硬刺来防止兽类攀爬。尖锐的尖刺防得住松鼠，却不妨碍鸟类的到访。小鸟方便地站在茎节间，享用双刺茶藨子为它们准备的秋粮。在茶藨子属中，大多数种类的茶藨子都长有各种各样的刺，有的粗大，有的细密，都是为了防范特定动物的侵扰，真是不得不赞叹植物的智慧。

撰文＊方　杰　审阅专家＊王洪峰　摄影＊刘　冰　郑宝江

[011]

北极花：世界上最小的灌木

* 物种资料：

北极花 *Linnaea borealis*
川续断目 Dipsacales
忍冬科 Caprifoliaceae

* 识别要点：

常绿匍匐小灌木，高5～10厘米。茎细长，红褐色。叶圆形，边缘具较浅的锯齿，叶背面灰白色。花小，喇叭形，芳香，淡红色或白色。果实近圆形，黄色。花期和果期为7～8月。

* 国内分布：

黑龙江、吉林、内蒙古、河北和新疆等地。

北极花也叫林奈木，是忍冬科北极花属植物，也是公认的世界上最小的灌木，在我国主要分布于黑龙江、吉林、内蒙古、河北和新疆等地。它生长在海拔750 ～ 2300米的针叶林下或在树干和长满苔藓的岩石上成片生长。

北极花植株矮小，分布位置较偏远，因此真正见过北极花的人并不多。2011年7月，笔者一行人在大兴安岭奥克里堆山进行植物考察时曾见过此花。北极花生长在路边，叶圆形、对生，茎匍匐，白色带粉色的小花开成一片，十分美丽。大家迅速拿出相机，围着这片世界上最小的灌木丛一通拍摄，足足拍了40余分钟才心满意足地离开。后来大家一致认为，那次考察最大的收获不是登上了奥克里堆山，而是发现了世界上最小的正在开花的灌木——北极花。

看起来纤弱的北极花如何在茫茫林海中得以生存呢？也许以下三点能说明问题：第一，只有十几厘米高的北极花不与乔木、灌木和草本为伍，而是与它大小相似的苔藓做伴，作为维管植物的北极花在与苔藓的生存竞争中具有一定优势；第二，北极花是浅根性植物，怕缺水，因此它往往以群落的形式聚居，靠群体力量生存，能有效地保持水分；第三，北极花常生活在高海拔地区，这个区域植物种类少，种间竞争小，有利于其更好地生存。例如，在大兴安岭地区，北极花常生长在海拔 500 米以上的落叶松林中；在偏南的长白山区，它往往生长在海拔 1300 米以上的落叶松林中。

那么，北极花为什么又叫“林奈木”呢？提起林奈，可以说植物分类学界无人不知，无人不晓。林奈是瑞典著名的植物分类学家，他确立了生物命名的双命名法。由于林奈对植物分类学的巨大贡献，有人提议应该以他的名字命名一个分类群，他推辞不过，便将世界上最小的灌木用自己的名字来命名，即林奈木属。这位植物分类大师也像中国人一样推崇谦恭的传统美德，不禁为他点赞！

北极花不仅因为与植物分类学大师有着很深的渊源而让人另眼相看，它的很多特点也让人佩服不已。虽然很多人都想一睹世界上最小的灌木的芳容，但是它却很低调，一直生活在偏远的落叶松林下，不惧严寒，不怕寂寞，与矮小的苔藓一起，静静守护着这一方水土。最让人惊奇的是它淡红色或白色的小花对称开放，植株两侧各一个，似象征公平的天平，也许北极花与人类的想法一样，都希望自己生存在一个公平的世界里。北极花从不刻意让人们认识自己，一切随缘，只有那些真正喜欢植物的人，那些常年在野外进行植物考察的人，才有机会领略它迷人的风采。

撰文 * 郑宝江　审阅专家 * 王洪峰　摄影 * 郑宝江

II [012]

草苁蓉：寄生从来不花心

大家都知道，植物能够通过光合作用，将源源不断的光能转化成可被生物体利用的化学能，因而属于可以自给自足且独立生活的自养型生物。不过地球上的植物种类数不胜数，千奇百怪，总会有几个不劳而获的家伙，刷新着我们对植物生存方式的认知。这类植物喜欢生长在另一种生物的体表或体内，通过吸取异种生物体的营养物质而生存并繁衍，它们就是无法自力更生且“臭名昭彰”的寄生植物。

其实，在自然界中寄生现象非常普遍，植物、动物和微生物领域都有一些种类进化出了寄生的技能。通常情况下，寄生生物的体型会小于寄主，而且会对寄主造成一定的伤害，如阻碍寄主的生长发育，甚至降低寄主的生殖能力和生活能力。但寄生生物极少会导致寄主死亡，因为若寄主被害死，寄生者也将命不久矣。所以喜欢坐享其成的生物会与寄主之间保持着某种“平衡共存”的微妙关系，它们在伤害寄主的同时，又懂得克制，避免因为自己的贪婪而毁灭了寄主。

* 物种资料：

草苁蓉 *Boschniakia rossica*
唇形目 Lamiales
列当科 Orobanchaceae

* 识别要点：

草本，高15～35厘米。常寄生于桤木属植物根上。根状茎横走，圆柱状，通常有两三条直立的茎，茎不分枝，粗壮。叶密集生于茎近基部，向上渐变稀疏，三角形。花序穗状，圆柱形，长7～22厘米。花微小，宽钟状，暗紫色或暗紫红色，筒膨大成囊状。蒴果近球形。花期为5～7月，果期为7～9月。

* 国内分布：

黑龙江、吉林和内蒙古东部。

别看“寄生”的名声很差，但从植物演化的角度来看，能够掌握这项技能的植物都比较进化且更“聪明”。寄生植物种类繁多，据估计，全世界约有 1700 种植物以寄生生活，中国有 120 多种。其中，桑寄生科和列当科都是赫赫有名的寄生家族，占据了寄生植物界的半壁江山。列当科的草苁蓉别名“不老草”，是典型的专性根寄生植物，植物体结构简单，不含叶绿素，完全依靠自身的吸器从寄主侧根中吸取营养。这里“专性”的意思是指草苁蓉在挑选寄主方面十分专情，它只寄生于桦木科东北桤木的树木根系。曾有人做过实验，将草苁蓉转嫁到桦木科另一个属的树木上，结果长得并不好。另有研究表明，草苁蓉的“入侵部位”是桤木属植物的根尖，可能是它的种子需要桤木属根尖分泌的特殊物质刺激才能萌发。

寄生植物具有许多适应于寄生生活的形态和生理特征。它们的身体构造都趋于简化，并且具有独特的固着和吸收结构——吸器。吸器穿过寄主的表皮或皮层，到达寄主的维管束，这样使寄生植物的维管束与寄主的维管束相联结。由于寄生植物的种类不同，其吸器的构造也不尽相同。草苁蓉寄生时，会产生吸盘结构，在吸盘与桤木根尖结合处形成球状瘤，并迅速长大；同时草苁蓉刺激结合处的桤木根迅速膨胀。之后草苁蓉球茎越长越大，使得结合处深陷，有的甚至被球茎包住。

和其他寄生植物一样，草苁蓉拥有惊人的繁殖力。一个根瘤可以长出 5 ~ 9 枚花序，每枚花序上可着生数十朵至一百多朵小花。秋天果实成熟时，平均每个果实内有超过1000粒种子。粗略计算，在一个生长期内，一株草苁蓉花序就可以产生十万粒以上的种子。数量如此庞大的后代，总有运气好的能够找到合适的寄主。

在黑龙江，草苁蓉主要集中生长在大兴安岭北部山区海拔 520 ~ 1200 米的东北桤木林内。这里冬季酷寒，春季风大，气温极低；即使在夏季，其日温差也常达 20℃以上。这种严苛的生长环境，加之人类过量的挖掘，草苁蓉分布范围已极度狭窄，数量也在急剧减少，甚至有绝灭的危险。看来，即使作为寄生植物，生存也并不容易啊！

撰文 * 陈莹婷　审阅专家 * 王洪峰　摄影 * 朴龙国

II［013］

箭报春：错位布局，精巧传粉

＊ 物种资料：

箭报春 *Primula fistulosa*
杜鹃花目 Ericales
报春花科 Primulaceae

＊ 识别要点：

多年生草本。根状茎极短，具多数须根。叶丛稍紧密，叶片矩圆形，长2～6厘米，先端渐尖，基部渐狭窄，边缘具不整齐的浅齿。花葶粗壮，中空，呈管状，高5～20厘米。伞形花序通常多小花，密集呈球状，花玫瑰红色或红紫色。蒴果球形。花期为5～6月。

＊ 国内分布：

黑龙江、内蒙古、河北、北京。

多布库尔自然保护区的森林和沼泽相交的边缘地带，阳光充足，湿润多雨。这里的草本植物因为土层薄弱且冬寒夏凉而生长低矮。这里是高山苔藓和湿地亚灌木的天堂，它们在柔软的泥炭上匍匐着。倘若你闯入这片天地，饱含水分的土壤会让你的双脚湿漉漉，深陷泥淖而无法自拔。在这样的环境里，春天万物复苏的时候，盛开着一种极诱人的小花，它便是箭报春。

虽然不及园艺植物中花色极为丰富的欧洲报春，也不如生长在西南部美丽高挑的灯台报春花，矮小的箭报春却是极为上镜的小野花。它的花朵不大，但是花朵密集的伞形花序在花朵盛开时，挤成了一团丰满的花球。这只粉红色的小花球被一支细细的花葶挑起，立在尚未返青的草甸上，煞是可爱。

仔细观察这株迷你可爱的植物，你会发现这种可爱又矮小的植物在吸引昆虫方面花了不少心思。报春花属的花朵都很细小，但是众多花朵常常形成各种伞形花序，如此一来小花聚合成“大花”，便可以让视觉好的昆虫在远处快速发现它。每一朵小花，5片花瓣在基部相连联合形成花筒，而花筒的口檐处往往会呈现与花冠对比强烈的颜色，用于向昆虫指示花蜜的位置。箭报春的小花呈淡粉色，花心的花筒口檐处颜色则是靓丽的明黄色。早春经常出没的小型蛾类是箭报春的主要传粉者，这些快速飞行的小昆虫正需要这种指示来减少在每朵花上的停靠时间。

吸引传粉者的问题解决了，接下来要解决如何防止自花授粉的问题。自花授粉，顾名思义是指一朵花的雄蕊上的花粉授于同花的柱头上。自花授粉等同于近亲繁殖，产生的后代很容易出现基因缺陷，无法适应环境。大多数植物为了保证后代的健康强壮，想尽办法不发生自花授粉现象。但植物在传粉行为上处于被动地位，它无法确定花粉是否会被传粉者授于自己的雌蕊，于是植物想出了很多限制自花授粉的方法。最常见的是让雄雌蕊释放花粉和接受花粉的时间错开，这样便可以在时间上保证无法完成自花授粉。不过花期较短的箭报春演化出了新办法，那就是从空间上对雄雌蕊进行阻隔。

所有箭报春的花有两种不同的结构：在细长的花筒中，一类是雄蕊比花柱长；另一类则是花柱比雄蕊长。如此一来，同朵花的花粉是无法接触自己的柱头的。此外，同一株箭报春的花是同一种结构，而不同的箭报春植株的花则有可能不同。于是昆虫拜访同类型花的时候，柱头因为无法触及昆虫沾染花粉的位置而无法授粉，只有昆虫再次造访不同型花的时候，柱头才会触碰花粉。举例来说，长着长喙的小蛾深入一枚柱头短而雄蕊长的花朵，花粉便沾在小蛾长喙的后端。如果小蛾再次访问同类型花，因为小蛾喙前端没有花粉，那么短小的柱头便无法触及沾在后端的花粉。但是当小蛾访问柱头长而雄蕊短的花时，长长的柱头便很容易触及小蛾长喙的后端，那里正好有沾染了异型花的花粉。

谁也想不到如此娇小可爱的箭报春会在传粉机制上花了这么复杂的心思，我们不得不佩服这些植物在结构演化上淋漓尽致的表现。当你在黑龙江葱郁的林边湿地中看到这种小花的时候，大概不会只惊喜它那圆乎乎的小花球了吧？

撰文＊方　杰　审阅专家＊王洪峰　摄影＊刘　冰

II [014]

多枝泥炭藓：收碳大王

看到“沼泽”一词，第一时间你会联想到什么？一大片令人恐惧的烂泥地，稍有行差踏错就会深陷其中，再也无法摆脱逐渐灭顶的危险……

在许多小说和影视作品中，沼泽都被描述成极其危险的区域。如果你有机会看一看大兴安岭地区的泥炭沼泽，也许你将会对沼泽有全新的认识。放眼望去，泥炭沼泽似乎和草地没什么差别：在一望无垠的绿色草地上，稀稀拉拉地生长着一些树木和灌木。当然它和内蒙古的草原不同，大兴安岭泥炭沼泽中的主要植物是一种名为“多枝泥炭藓”的苔藓。踩在泥炭藓上的感觉，有点像踩在吸了水的厚厚海绵上。一脚下去会踩出很多水来，脚下的泥炭藓丛也会稍稍下陷一些。不过不用担心，由于泥炭藓生长得非常密实，一般只会凹陷半只脚的深度，并不会出现身陷其中，无法拔出脚的危险情况。当然，为了以防万一，在沼泽地带穿行时，一定要带上用于探路的手杖，还要穿高帮的水鞋。

* 物种资料：

多枝泥炭藓 *Sphagnum wulfianum*
泥炭藓目 Sphagnales
泥炭藓科 Sphagnaceae

* 识别要点：

生长在沼泽或湿地中。植物体柔软，灰绿色，呈垫状生长。茎纤细，常轮状分枝，茎顶端短枝呈头状。叶三角状舌形。孢蒴顶生，球形，成熟时紫黑色。

* 国内分布：

黑龙江。

现在让我们回到泥炭沼泽的主角多枝泥炭藓上吧！多枝泥炭藓属于一类比较古老的苔藓。它的植株长长的，主干通常可以长达数十厘米。主干的顶端有非常多的细细分枝，外形有点像一朵小菊花。泥炭藓的特殊本领是吸水性特别强，可以像海绵一样吸收超过自身重量20 ~ 25倍的水分，被誉为植物界的吸水大王。此外，它体内含有一些抑制好氧菌生长的酚类化合物，因此曾被人们用于敷伤口，可以起到抑菌消毒的作用。

到了繁殖季节，多枝泥炭藓的顶端会长出繁殖结构——孢子体。孢子体底部是一根透明的细梗，细梗顶端生长着黑黑的小圆珠（即孢蒴），因此整个孢子体的外形有点像小螃蟹或蜗牛的眼睛。小圆珠中蕴藏着无数细小如尘埃的孢子。当小圆珠脱水后，上面的盖子会自动打开，释放出其中的孢子。由于泥炭藓的孢子极其微小，因此可以随着风飘出一段距离，再萌发成新的植物体。

兴安岭的气温较低，死亡的多枝泥炭藓层层堆积起来，会形成几十厘米甚至数米厚的泥炭层。别小看了这厚厚的泥炭层，它可是泥炭藓锁住二氧化碳的见证物。据研究，由泥炭藓组成的沼泽湿地，其单位面积的碳储量相当于森林的3倍，对减缓全球气候变暖发挥了重要的作用。

撰文＊王钧杰　审阅专家＊张　力　摄影＊蔡体久

II［015］

金雕：
时速 300 公里

金雕是北半球一种广为人知的大型猛禽，成鸟的翼展超过 2 米，体长可达 1 米，体重为 2 ~ 6.5 千克。

在黑龙江的尚志、沾河、哈尔滨、齐齐哈尔、牡丹江、佳木斯、绥化、伊春和大兴安岭等地的多山丘陵地区，都能见到金雕的身影。金雕繁育后代之后，会带着小雕翱翔天际。初冬时节，人们会看到结成小群的金雕群，偶尔也会见到约 20 只的迁徙大群，聚集在一起捕捉较大的猎物。温带、寒温带和寒带地区的高山、草原、荒漠、河谷和森林地带，都是金雕的游猎之地。

飞翔时，金雕借助高空气流控制飞翔的方向、高度和速度，一旦发现猎物，它能以 300 千米 / 小时的速度扑向猎物，以迅雷不及掩耳之势，将利爪戳进猎物的头骨中。这种加速度造就的杀伤力，一旦得手，猎物瞬间就会毙命。金雕的食谱包括雁鸭、雉鸡、松鼠、狍子、鹿、山羊、狐狸、狼、旱獭、野兔和鼠类等数十种动物，其中不少都是人类垂涎的美味。千百年来，许多民族（尤其是哈萨克族）都喜欢驯养金雕，让它

* 物种资料：

金雕 *Aquila chrysaetos*
隼形目 Falconiformes
鹰科 Accipitridae

* 识别要点：

体长约 85 厘米的大型猛禽。头具金色羽冠，嘴浑厚，与头相比显得巨大。体背栗色，翼黑色，飞行时腰部白色明显可见，两翼呈浅“V”形。尾较短，端部圆钝。嘴灰色至金黄色，脚黄色。

* 国内分布：

中国东北、北部和西部。

为人类猎捕飞禽走兽。在地球之巅珠穆朗玛峰 8000 多米的高空，只有金雕能够在此阻击迁徙的蓑羽鹤。它宛如一枚炸弹从高空坠落，直接砸向低处蓑羽鹤的颈背。一旦命中，蓑羽鹤就宛如一片风中飘零的枯叶，成了金雕的美餐。超群的飞翔能力和捕猎技巧，使金雕成为没有争议的天际顶级杀手。

黑龙江是金雕的繁殖地。当它经历秋冬两季的游历，饱览八千里路云和月的风景后，于初春时节终于归心似箭。它借助南来的暖风，半个月内就能从越冬地飞回黑龙江的森林。金雕要来此完成自己的使命——进行生命的繁衍接力。

金雕的巢分两种：一种是筑在针叶林和针阔混交林中的高大乔木上，红松、落叶松、杨树和柞树都是它优选的树种，树巢距地面 10 ~ 20 米；另一种筑在悬崖峭壁上，巢向阳的上方多有突起的岩石为其遮风挡雨，那里地势险峻，人类和其他动物难以攀缘靠近。金雕的巢以枯树枝堆积成盘状，结构庞大，外径近 2 米，高度超过 1 米；巢内铺垫细枝、松针、草茎和毛皮等物。有时金雕还会筑一些备用的巢，多达十余个。都说狡兔三窟，但和金雕一比，简直不值一提。这也许就是杀手的心理，面对外界，一切都要提防，才能保证自身的绝对安全。金雕有利用旧巢的习惯，每年使用前要进行修补，有的巢沿用了好多年，总是修修补补，所以最终变成了一座“巨巢”，远观甚是抢眼。

在繁殖期，金雕同类之间都会敬而远之，两个繁殖巢之间的距离可达10公里。它们划分势力范围，确保彼此都有足够的空间和食物养育后代。但是并非所有的金雕都能拥有一片丰饶的狩猎场，若运气不佳，它的后代就要遭罪了。食物不足时，先孵出的个体较大的幼鸟常会啄击自己的弟弟或妹妹，并吞食啄下的羽毛。如果食物短缺的时间不长，体弱的幼鸟还能逃过一劫；若父母长时间不能带回食物，它就会对弟弟或妹妹大打出手，啄得对方浑身是血，甚至啄死对方并吃掉它。在金雕眼里，没有同胞手足相残的伦理禁忌。它只懂得，生存第一，任何竞争者都可能是自己的食物。

当人们赞美金雕是威风八面的天空霸主时，是否想到它是如此的冷血与嗜血呢？大自然不相信同情的眼泪，物竞天择，适者生存。千万年的进化，处于食物链顶端的金雕，注定了它只能做枭雄，拼杀一生，直至力竭而亡。

撰文＊陈　旭　审阅专家＊闻　丞　摄影＊徐　义

II［016］

猛鸮：
全天候的猎手

* 物种资料：

猛鸮 *Surnia ulula*
鸮形目 Strigiformes
鸱鸮科 Strigidae

* 识别要点：

体长约38厘米。体背褐色杂有白斑。额羽蓬松具细小斑点，两眼间白色，旁具黑褐色的宽阔弧形纹饰，颈侧白色具宽大黑斑。颏深褐色。上下胸偏白色，具褐色的细密横纹。两翼与尾多横斑。嘴偏黄色，脚浅肉色被绒羽。

* 国内分布：

黑龙江大兴安岭、内蒙古东北部和新疆。

在黑龙江大兴安岭的针叶林与针阔叶混交林中，生活着一种迷人、罕见且奇特的猫头鹰——猛鸮。这种猛鸮广布于北欧、北亚和北美洲，但在我国只有在最东北和最西北端能看到它的身影，是个真正的“北方佬”。在中国的这一东一西两个分布种群各属于不同亚种：亚种 *tianshanica* 在新疆西北部天山地区繁殖，迁徙时也见于新疆西部；分布于东北地区的亚种为猛鸮指名亚种，在内蒙古东北部的呼伦池地区和大兴安岭等地越冬。

猛鸮通体以白色和棕褐色为主，中等体型，体长35～42厘米；面部以白色为主，两边具有深褐色宽阔弧形纵纹，像戴了黑色耳罩一般；额部羽毛显得蓬松，具非常细小的深色斑点；两眼间白色，虹膜黄色，嘴偏黄色；胸部偏白色，具褐色细密的横纹；站立时上体背部以棕褐色为主，具有斑驳白色点状斑，脚被浅色羽；飞行时两翼翼下和尾部呈现明显的深色横斑。

猛鸮飞行时，恰如个体大而头部厚重的雀鹰一般；

尾部较长，呈现出鹰一样的尾形；翅膀宽大得像鸮，长而尖的尾巴却非常像鹰。猛鸮的英文名为“Northern Hawk Owl”，直译就是“北方的鹰鸮”。猛鸮的外形确实很像鹰鸮，脸上也有一对黄色的大眼睛。但与鹰鸮相比，猛鸮的羽色更醒目，腹部以白色为主，黑白分明，这就使得猛鸮更趋向于在白天捕食。

这种在白天觅食的行为，是猛鸮对北半球较高纬度地区夏季白昼时间长的适应，使它成为经常在白天活动的“昼猫子”。其实，猛鸮的主要活动时间还是在清晨与黄昏，这与大部分鸟类一样。由于北方夜晚寒冷，早上猛鸮需要大量食物补充前一晚消耗的能量；傍晚，猛鸮为迎接刺骨的寒夜，也会大量进食，做好充足准备。在大兴安岭地区，冬季气温可降至 –30℃以下，如果没有充足的食物，动物很难顺利存活。由于猛鸮的分布比较靠北，这些地区大部分是人迹罕至的针叶林区或苔原地带。像许多从未和人类接触的鸟类一样，由于很少见到人类，不了解人类，所以相对于其他鸮形目猛禽，猛鸮并不太惧怕人类。但目前，作为国家二级保护动物的猛鸮较易受到人类的直接捕猎等威胁。

昼行性和不惧人类的特点，让鸟类研究者容易观察到猛鸮的捕食过程。它一般站在高高的树梢上，扫视着周围的环境，当发现有老鼠出现在雪地、隧洞或草丛中时，会迅速俯冲而下，猛地扑向地面并抓住猎物。猛鸮以捕食啮齿类动物为主，但也会无声无息地贴着地面或草尖飞行，捕捉鸟类。在其原有栖息地食物匮

乏的年景，猛鸮会向南迁徙，甚至出现在分布区以外的地方，成为当地观鸟人津津乐道的罕见迷鸟。

撰文＊高 翔 审阅专家＊许 青 摄影＊王振国

II [017]

北噪鸦：未雪绸缪早备粮

在辽阔的欧亚大陆北部，北纬 45° ~ 70° 的寒温带上生长着广袤的针叶林区。这片被称作“泰加林”的林区，向南延伸至我国大兴安岭的北部。在大兴安岭北段东麓的呼中国家级自然保护区内，生活着一些寒温带针叶林里特有的鸟类，北噪鸦便是其中非常具有代表性的一种。虽说名字里带了个“鸦”字，分类上也确实属于鸦科，但它长得却跟常见的乌鸦不一样。北噪鸦全身多为灰色，头顶、眼周至后颈为暗褐色；翅上有棕色斑块，尾羽除中央两根灰褐色之外，其余全为棕色；黑色的嘴较短且粗，眼大而有神。

作为留鸟，意味着北噪鸦终年都生活在寒温带的针叶林中。呼中保护区的冬天十分寒冷，白天最高温度常常在 -20℃左右，夜晚则降至 -40℃以下。如此的极寒低温，对这里的动物“居民”来说无疑是巨大的挑战。在冰天雪地之中，能找到足够的食物是存活下来的关键，那北噪鸦是如何熬过寒冬的呢？

雌雄北噪鸦之间的配偶关系稳定而持久，一旦形

* 物种资料：

北噪鸦 *Perisoreus infaustus*
雀形目 Passeriformes
鸦科 Corvidae

* 识别要点：

体长约 28 厘米。头深褐色，后枕具短冠羽，前额羽簇皮黄色。两翼、腰和尾缘棕色，显得较鲜亮。体背灰色，体腹浅灰色至黄白色。尾较短。嘴黑色，脚黑色。

* 国内分布：

黑龙江和新疆。

成，便能维系终生；这期间夫妇共同“守卫”面积约 1.5 平方千米的领域。秋季，当森林中充满各种浆果和种子的时候，北噪鸦夫妇就开始为越冬做准备了。它们用喙将四处收集来的食物团成食丸，然后用黏稠的唾液把食丸固定在自己领域内的树皮缝隙或针叶树的松针之间，有时还会在藏匿处再黏上树皮或树叶加以伪装。最多的时候，一只北噪鸦一天可以储藏 200 多个食丸。这不仅是对体力的考验，更是对于记忆力的极大考验。寒冬降临后，北噪鸦家庭就要依靠自己提前藏好的这些食丸来度过食物短缺的时节。

除了食丸之外，北噪鸦在冬季还会捕食小型啮齿类动物。尽管冬季小型啮齿类动物多生活在雪下的洞隙中，但在天气比较温暖的情况下，它们有时也会到雪面上活动，并且在松软的雪上留下包括足迹链在内的许多痕迹。在小型啮齿类动物数量较多、活动频繁，而且在雪面上能观察到较多痕迹的年份里，北噪鸦也被发现更频繁地离开郁闭的森林内部，出现在林间的开阔空地附近，寻找捕猎的机会。但如果冬季气温较低，即便小型啮齿类动物数量较多，也很少到雪面上来活动。在这种情况下，北噪鸦则选择待在森林中，甚少出现在开阔环境里。

靠着食物储备、时不时地捕猎与林间残留的果实，北噪鸦得以度过漫长而严酷的冬季。而更让人惊讶的是，3 月末当森林中仍到处是皑皑白雪之际，北噪鸦夫妇就已经开始修筑新巢，准备繁育下一代了。雄鸟会用细枝条、枯草或树根开始筑巢，雌鸟不久也加入进来，巢外层的结构搭好之后，向巢内放入收集来的羽毛、苔藓或兽毛作为衬垫。完成一个巢可能要花去双亲 11 ~ 26 天的时间。巢筑好之后，雌鸟开始产卵，平均每窝产 3 或 4 枚卵。产出第一枚卵后，雌鸟就开始孵化，并承担起全部的孵卵任务。约 19 天即可孵出雏鸟，之后双亲都参与到喂养雏鸟的工作之中。经过 21 ~ 24 天，雏鸟发育完好后尝试离巢初飞，但在接下来至少 1 个月的时间里，仍然要依靠双亲的哺育。当年的幼鸟跟父母一起，依赖秋天存储的食物度过第一个冬季。到了第二年春天，有些幼鸟会离开，另一些则会留在父母身边，帮助照料新一窝的兄弟姐妹。

冰雪消融前，北噪鸦就开始准备繁殖。在北方短暂的春夏两季忙于抚育后代，秋天则要为储备冬季的口粮而奔波。北噪鸦凭借生存经验和家庭成员之间的团结协作，在泰加林中一代又一代地繁衍，生生不息。

撰文 * 朱　磊　审阅专家 * 闻　丞　摄影 * 叶翔燕　唐万玲

[018]

花尾榛鸡：树上的“飞龙”

* 物种资料：

花尾榛鸡 *Bonasa bonasia*
鸡形目 Galliformes
松鸡科 Tetraonidae

* 识别要点：

体长约36厘米。头部具明显的冠羽，喉黑色而带白色宽边，眼上方的红色肉垂较细。体背烟灰褐色，具褐色碎斑。两翼黑褐色，具白色条斑。尾短，褐色，外侧尾羽带黑色。体腹灰黄色，具棕色和黑色月牙形点状斑。嘴黑色，脚肉色。

* 国内分布：

黑龙江、辽宁、河北东北部和新疆西北部。

在大兴安岭呼中国家级自然保护区，仲秋时节的景观与郁郁葱葱的夏季大不相同。落叶与枯草将大地渲染得分外金黄，一阵秋风掠过，颇有些寒意。清晨常有浓雾笼罩，此时行走在溪流或小河边，有机会见到一种体形敦实的鸟类。它浑身棕灰色，密布深色横斑，头部似有短羽冠。发现有人靠近时，它有时会伸直脖颈静立不动，哪怕近在咫尺也能保持镇定；如果被惊飞，则有机会看到近尾羽端有一道宽且显眼的黑色横带。它便是被称为“飞龙”的花尾榛鸡。

据说在满语中，花尾榛鸡被称为“斐耶楞古”，意为“树上的鸡”，后来不知怎么就谐音成“飞龙”了。因其肉质鲜美，从清乾隆年间开始作为岁贡，每年由专门的猎户捕捉进贡给皇帝。花尾榛鸡曾一度是东北林区主要的猎禽，1989年起被列为国家二级重点野生保护动物，受到保护。

花尾榛鸡的分布与北噪鸦很相似，广泛见于欧亚大陆北部的森林中，至今仍是欧洲主要的狩猎鸟类。

作为主要分布于北半球中高纬度地区的松鸡亚科成员，花尾榛鸡表现出了一些适应北方寒冷气候的特点。例如，鼻孔被羽，2/3的跗跖也被具有保温作用的羽毛所覆盖，每个脚趾的两侧均有栉状突起，据说有利于在雪地中行走。

花尾榛鸡是典型的森林鸟类，主要见于山区或平原的落叶阔叶和针叶混交林中，尤其依赖于林下茂密的灌丛生境，对森林环境的变化比较敏感，砍伐森林或清除林下植被都会导致它的消失。花尾榛鸡是植食性鸟类，一年中所食的植物性食物所占比重超过98%，只在繁殖季节及其后一段时期取食部分动物性食物。总体而言，春季以各种树木的芽苞、嫩枝、花和嫩叶为食，夏季主要取食植物叶、花、果实和种子，秋季主要以各种果实和种子为食，冬季则主要取食杨树、桦树和柳树的芽苞。研究结果表明，春夏繁殖季，花尾榛鸡从食物中获取的蛋白质、矿物质元素和维生素等营养成分远比其他时期丰富，这也说明花尾榛鸡在不同季节对食物的选择与其生理需要相呼应。

松鸡亚科的种类不算多，雌雄之间却表现出复杂多样的婚配制度。有观点认为，产卵前雌鸟的营养需求是导致松鸡亚科出现不同婚配制度的主要因素。对于体型较小的种类而言，由于产下的卵重与自身体重之比要高于那些体型较大的种类，因此所面临的营养需求更为强烈。作为松鸡亚科最小的种类之一，花尾榛鸡雌雄间以单配制为主，即雄鸟会保卫一片领域，

主要依靠其中高质量的食物资源来吸引雌鸟的青睐。雌雄鸟在春季形成配对之后，伴侣关系通常会维持到第二年。这期间，雌鸟独自完成筑巢、孵卵和抚育后代的工作，而雄鸟则通过保卫食物资源和警戒天敌来尽父亲的责任。

历史上，花尾榛鸡的分布曾南至河北兴隆，但由于人为捕猎和栖息地的破坏，早已经从那里销声匿迹。身负“飞龙”的美誉，却过着一夫一妻低调生活的花尾榛鸡能挺过难熬的漫漫寒冬，却终究抵不住人类的贪欲。

撰文＊朱　磊　审阅专家＊闻　丞　供图＊黑龙江逊克县自然保护区

[019]

黑嘴松鸡：在雪窝中过夜

在大兴安岭林区，四月，春天还没有真正来临，四下里一片寂静。不过在呼中、漠河和瑷珲等地的冷杉林、落叶松林或者红松林、樟子松林里，偶尔能够听到一阵“梆梆”的响亮鸟类叫声，犹如更夫在敲梆子。叫声极具穿透性，纵使树高林密，在一二千米外也清晰可闻。这就是老猎人口中的“梆子鸡”了。这个“梆子鸡”，大名叫黑嘴松鸡。伴随着叫声，雄性黑嘴松鸡陆续来到林间的空地上，一场为了争夺配偶的雄性争斗即将开始。这片空地，是黑嘴松鸡的求偶场，也称为“梆鸡场”。

老猎人说“梆子鸡像马一样大”，这话未免有几分夸张。但作为中国最大的雉鸡类之一，雄性黑嘴松鸡体长可以接近 1 米，体重达 4 千克，全身黑色，头、颈和胸还带有紫色和绿色金属光泽。黑嘴松鸡争斗起来颇有气势。胜利者将拥有不止一只雌鸟，失败者可能什么也得不到。

黑嘴松鸡虽然有着巨大的体型，但在东北的密林中

* 物种资料：

黑嘴松鸡 *Tetrao parvirostris*
鸡形目 Galliformes
雉科 Phasianidae

* 识别要点：

雄鸟体长约 86 厘米。体型矮胖，色黑。尾羽能如火鸡般竖起成扇形。体背紫色，胸部绿色，眼上方具红色肉垂。尾上羽形长，黑色，具大块白点。体腹黑而带白色点状斑。雌鸟体长约 61 厘米，深褐色，密布皮黄色碎斑和白色横斑。嘴黑色，脚灰色被羽。

* 国内分布：

黑龙江和吉林。

并非全无敌手，紫貂就是其主要捕食者；而东北的严冬，则是它面临的更大挑战。低温、大雪和狂风，无一不是对所有生命的严峻挑战。只有面对，才能生存下来。黑嘴松鸡就是这样的一位“身怀绝技”的勇士，它自有应对之道。

黑嘴松鸡属于松鸡类。过去，松鸡曾经被划分为单独一科，包括了十余种高度适应寒冷生活的鸡形目物种。现在，松鸡科虽然已经被并入雉科中，但是它们仍然都是适应寒冷的专家：它们的鼻孔被羽毛所覆盖，跗跖也全部或者部分被羽。黑嘴松鸡也不例外，它以羽毛全副武装，以保温御寒。

除了自身的装备，黑嘴松鸡的行为也高度适应黑龙江寒冷多雪的冬季。夏季食物丰富，日照时间长，生存相对容易，不过好时光总是短暂的。到了冬季，初雪落下，一些候鸟纷纷迁徙到南方越冬，而黑嘴松鸡则坚守着这片土地。它会转移到海拔相对低且气温略高的山阳坡树林内活动，海拔也会略有下降，这样能更好地利用冬日有限的阳光。黑嘴松鸡还一改夏季多在地面活动的习性，转而大部分时间待在树上，啄食松树和桦树等植物的嫩芽。这样既可以避开寒冷的雪地和厚厚的积雪，活动更为便利灵活，也不必费力刨开积雪寻觅食物，还可以更多地晒到阳光，可谓一举多得。

到了夜晚，黑嘴松鸡的策略就变化了，这时厚厚的积雪就要发挥重要的作用了。它们会趴在雪地上，任由风将雪吹起，将它们覆盖。雪层就像一床厚棉被，起到了很好的保温效果。黑嘴松鸡还会将粪便排在雪窝中，减少被捕食风险。不过排了粪便的雪窝黑嘴松鸡就会将其放弃，因此它们会每天选择一处新的雪窝，从不回旧窝。

生存是严酷的，生存又是美好的。黑嘴松鸡从来就没有面临过什么严酷的环境，因为拥有坚韧的生命、生存的勇气和千百万年的演化中形成的生存智慧。

撰文＊王瑞卿　审阅专家＊许　青　摄影＊冯　江

Tetrao tetrix

II [020]

黑琴鸡：
觅食范围数百平方千米

* 物种资料：

黑琴鸡 *Tetrao tetrix*
鸡形目 Galliformes
雉科 Phasianidae

* 识别要点：

雄鸟，体长约54厘米。体背黑色，带蓝绿色光泽。翅黑色，端部羽毛具白色横纹。尾黑色，呈叉状向外弯曲，以使白色的尾下覆羽能扇形竖起。眼上方具红色的冠状肉瘤。雌鸟体长41厘米，深褐色，羽尖具皮黄色斑。嘴黑色，脚铅灰。

* 国内分布：

黑龙江、内蒙古东北部和新疆。

和只在针叶林里安家的黑嘴松鸡相比，黑琴鸡对不同生境的适应能力更强，无论针叶林、针阔混交林、森林草原还是草甸，它都能自如的生活。因此，从大兴安岭的呼中，到小兴安岭的伊春，以及东部完达山和长白山林区，都能找到它的踪迹。

琴鸡是松鸡家族里的一个小支系，它的尾羽非常有特点：外侧尾羽长且向外弯曲，颇似古希腊时代的竖琴，因此而得名。琴鸡家族只有两个成员：一个是分布在高加索地区的高加索琴鸡；另一个则是黑琴鸡——广泛分布在从英国、斯堪的纳维亚半岛到朝鲜的广阔亚欧大陆北部国家和地区。

雄性黑琴鸡全身黑色，和它的“亲戚”黑嘴松鸡相比，黑琴鸡的体型要小一些。个头儿小了，要保持热量就更加困难，因此想在东北地区立足生活，黑琴鸡要有自己的办法。

春季，大地回暖，植物忙不迭地吐出新芽，给灰暗了5个月的森林添上一抹新绿。这些嫩芽和新叶是黑琴鸡最喜爱的食物，尤其是杨树和柳树的新枝嫩叶和芽包，对于刚刚度过寒冬的黑琴鸡来说，不啻一场盛宴。随着时间的推移，黑琴鸡的食谱逐渐变得丰富起来，它绝不会浪费兴安岭森林的馈赠：山丁子和越橘等植物的浆果，禾本科植物的种子，以及蜘蛛和蜗牛等昆虫都是它的美味佳肴。

夏季，食物丰富，黑琴鸡的活动范围越来越小，甚至只在巢区附近活动。到处都有唾手可得的美味，为什么还要冒险远行呢?

8 月过后，气温开始下降，情况也就大不相同了。在接下来的大半年里，黑琴鸡将要面临低温、食物匮乏和天敌来袭的挑战，因此它的生存之道也必须做出改变。首先变化的是群体的数量。春夏季节，黑琴鸡常几只为一群，群体较小，行动更为便利，也避免了因食物和领地而起的争斗。从秋季开始，黑琴鸡会逐渐集群，当年的幼鸟虽然已经具备了独立觅食的能力，但也不会离开亲鸟。

到了冬季，黑琴鸡能够结成数十只，甚至上百只的大群。群体越大，眼睛越多，越容易找到食物或发现天敌，也就更容易生存下去。另外，冬季黑琴鸡的活动时间也会发生变化。我们常说“早起的鸟儿有虫吃”，不过到了冬季，黑琴鸡也开始“赖床”了。它往往到下午阳光充沛时才开始活动，集体来到食物丰富的沟谷和河岸两侧的山谷中游荡。此时，蜘蛛和昆虫等动物性食物早已从食谱中消失，桦树的芽和嫩枝

成为它的主食。它也不再固守一地，为了追寻食物，鸟群会进行长达数百千米的季节性觅食游荡。就像非洲草原上集群迁徙的斑马和角马一样，在黑龙江冬季的森林里，黑琴鸡同样是一群迁徙的食草动物，给森林带来了生机和活力。

寒冷和食物匮乏，对于聚集在一起的黑琴鸡来说，都不是问题。它已经适应了这样的环境，只待春回大地，原野上会再次响起黑琴鸡求偶时发出的高亢叫声。

撰文＊王瑞卿　审阅专家＊许　青　摄影＊赵国君

II [021]

驼鹿：
世界上体形最大的鹿

驼鹿是哺乳纲偶蹄目鹿科驼鹿属中最大的鹿科动物，在中国东北地区也被称为“堪达罕”（满语）。驼鹿作为可食用型野生动物，味道鲜美，尤其是特别耐寒的鼻子，更是餐桌上的珍品，因此在石器时代就有被人类猎杀的历史。

驼鹿的祖先出现于200万年前的更新世前期，个头要比现在驼鹿小得多，头上的角也不如今天看到的那么雄伟。漫长的冰期让环境变得更加严酷，许多物种在这个过程中灭绝。小型个体很难适应恶劣的环境，所以驼鹿和其他冰期哺乳动物一样，向着大体型发展。驼鹿为了适应严酷的寒冷环境，拥有许多高超的生存本领。它的听觉和嗅觉都很灵敏，而且动作相当灵活。驼鹿能在积雪达60厘米深的地方自由活动，以55千米的时速一口气跑上几个小时。它还是一种会跳高的鹿，能够拖动千斤重的身躯一跃而起，取食高处的树枝和树叶。驼鹿一次可以游泳20多千米，甚至潜到5～6米深的水下觅食水草。经过千百万年的演化选择，固

* 物种资料：

欧亚驼鹿 *Alces alces*
偶蹄目 Artiodactyla
鹿科 Cervidae

* 识别要点：

体型巨大的鹿，头体长260～310厘米，肩高170～220厘米，体重360～600千克。雄性头部较长而宽，鼻粗壮，头顶具掌状且平展的角，具较多分叉。颈部的垂皮更显厚实。体背冬季被红褐色毛，体侧和腹部灰色，夏季褐色。

* 国内分布：

黑龙江大兴安岭、小兴安岭，内蒙古东北部。

定下来了形态和习性，这一坚守就是20万年。时至今日驼鹿还是那幅模样：高大的身躯与4条长腿都像骆驼，肩部高耸，也有几分像骆驼背部的驼峰，因此得名。

驼鹿的体形也因为地理分布而略有差别：分布在北美洲的个体最大，而分布在中国黑龙江省的乌苏里亚种则个体较小。驼鹿躯体短而粗，看上去与4条细长的腿不成比例。驼鹿的尾巴很短，只有7 ~ 10厘米长。仅雄驼鹿有角，而且角的形状特殊，是鹿类中最大的。与其他鹿类不同，驼鹿的鹿角并非枝杈形，而呈扁平的铲子状。角面粗糙，从角基向左右两侧各伸出一小段后分出眉枝和主干，呈水平方向伸展，中间宽阔，很像仙人掌。

雄驼鹿在出生半年后，逐渐长出新角。初生的角为单支，此后每次交配季节过后角都会脱落，以便储存能量过冬。到了次年春天再长出新角，新角需要3 ~ 5个月才能够完全长成，是生长速率最快的动物器官了。雄驼鹿在出生1年半后具备交配能力，3 ~ 4年后逐步走向性成熟，具备繁殖能力，可以与雌性驼鹿进行交配，繁衍后代。

每年初夏，4 月底到 5 月初，驼鹿开始褪去冬天色浅、蓬松且容易脆断的长毛，慢慢长成颜色较深且较短的毛。毛是逐渐脱换的，身体健壮的驼鹿最先开始换毛。到了冬天，驼鹿的毛又会开始慢慢变长，以抵抗寒冷的冬季。

驼鹿从不远离森林。驼鹿属于偶蹄目大型动物，悬蹄较低，在松软的地上行走时能够触地，增大支撑面积，防止在落叶层叠的森林里陷下。无论何种季节，驼鹿都喜欢在沟塘两岸活动，因为大多数河流、沟塘和河湾岸边生长着它喜欢吃的柳、桦、毛赤杨、榛和柞等植物。在大兴安岭，冬季随着降雪量的增加，驼鹿会逐渐由山下向山顶移动，躲在背风朝阳的地方；在小兴安岭，冬季除了在沟塘活动之外，还会经常在山脚下背风的地方休息。

驼鹿是一种群栖性很差的动物。夏季食物资源丰富的季节,驼鹿单独或以家庭为单元活动；只有在冬季，驼鹿才会集体行动。即便如此，也是 15 ~ 30 只成群。驼鹿是环北极物种，我国大兴安岭和小兴安岭北部是驼鹿乌苏里亚种在亚洲的最南分布区。历史上，驼鹿的分布范围比今天要广得多，不知道什么原因，它的分布纬度一直在向北退缩，是否与全球气候变暖有关，尚不得而知。但人类活动范围扩大、森林砍伐和开垦土地等行为，都对驼鹿的栖息地与食物链有着极大破坏。这也许是驼鹿向北退缩的原因之一吧！

撰文 * 刘丙万　冉景丞　审阅专家 * 闻　丞　摄影 * 杨　琨

II [022]

狍子：
天生“一根筋”

* 物种资料：

西伯利亚狍 *Capreolus pygargus*

偶蹄目 Artiodactyla

鹿科 Cervidae

* 识别要点：

小型鹿类，头体长95～140厘米，肩高65～95厘米，体重20～40千克。冬季皮毛灰褐色，夏季转为黄褐色或红褐色，鼻黑色，颏白色，臀和尾下白色。雄鹿头顶的角简洁垂直，具3个较小角叉。

* 国内分布：

中国东北、中部、西北和西南。

“棒打狍子，瓢舀鱼，野鸡飞进饭锅里。”这句话曾经是黑龙江林区居民的生活写照。今天，虽然生态已经没有这么好了，但狍子、鱼和野鸡却依旧是黑龙江林区常见的物种。

人们都说狍子傻，一根筋，而且好奇心太强容易害死自己。例如，夜晚在林区公路行车时路上的狍子会一直在车灯的照射下奔跑，直到筋疲力尽，它才会跳到路边的林子里去；若遇到天敌追袭，它跑着跑着，忽然觉得后边没有追兵了，就很好奇，会折返探究一番。怎么回事？怎么不追了呢？左看右看寻找自己的天敌，没曾想天敌正躲在一边偷着乐呢。这个傻狍子竟会自己送上门去，傻狍子就这样被好奇心害死了。

狍子真的傻吗？也许人们的固有观念并不正确。如果狍子真傻，它早就被天敌吃成灭绝物种了，但事实并非如此！如今，狍子是欧亚大陆分布最广且数量最多的一种中型鹿。物竞天择，适者生存，在山地环境中，梅花鹿、毛冠鹿和水鹿的数量与分布范围都没有狍子大。在中国，狍子广布于中部、西南部、西北部和东北部；东三省的大兴安岭和小兴安岭、新疆北部、北京的燕山、河北和山西的太行山、陕西和四川的秦岭—巴山、四川和云南的横断山、西藏东南部和云南西部直至缅甸北部，这些区域都是狍子的分布区。但狍子止步于青藏高原的边缘，人们仅在若尔盖草原山地海拔3000～4000米的地带看到过狍子的踪迹。试想一下，如果狍子傻到不能自保，那它怎么可能在这么广阔的地域里生存下去？在它的分布区内，不仅生活着东北虎、华北豹和豹子等顶级掠食动物，而且还有密度很高的人类群体。能在夹缝中求生存，而且还生活得不错，这说明狍子一点都不傻。给人们留下傻狍子的印象，只是一些个例造成的错觉而已。

经过千百年的进化，狍子已经具备了超强的山地生活能力。它的皮毛是完美的伪装，草黄色的皮毛，在幽暗的森林和草丛里，几乎是天生的迷彩。如果它不在奔跑跳跃中露出尾部的白毛，仅静静地站立在树下的草丛中，天敌很难发现它。此外狍子拥有超强的繁殖能力，让其他食草动物望尘莫及。狍子发情交配多在8～9月，如果冬季太冷，小狍子的出生时间就会往后拖——母狍能够控制这个时间，让体内的胚胎缓慢发育4～5个月，以确保小狍子在6月出生。这个时候，黑龙江的森林里夏暖花开，食物丰沛，足以让小狍子顺利长大，面对寒冷的冬季做好准备。成年的母狍每年都会生下一两只幼仔。临产前，母狍会驱散上一年出生的幼狍，然后独自进入密林分娩。若一胎产两仔，两仔的出生点会相距一二十米。幼仔静卧于灌丛中，分别接受母狍的哺乳。幼仔出生 10 天后，便能奔跑自如。母狍此时就会带领幼狍归群，与雄狍组成五六只的小群，日间栖于密林，早晚时分来到空旷的草场或灌木丛间活动觅食，一起熬过黑龙江漫长的冬季。大约两年的时间，幼狍性成熟，雄狍长出角来，它们开始用角刺破树皮，抹上自己独特的腺体，标示势力范围，并吸引雌性。如果遇到心仪的雌性，雄狍会追着雌狍转圈跑，在空地上留下花环状的足迹，以此表露自己的爱意。如果没有天敌伤害，狍子会在山地森林中度过十余年的时光，然后终老于斯，托体同山阿。

撰文＊陈　旭　审阅专家＊刘丙万　摄影＊陈　旭

II［023］

貂熊：
雪原搏击手

貂熊属于鼬科。一提到鼬科动物，人们通常联想到的是可爱的紫貂或憨憨的狗獾等萌萌的动物。不过貂熊不同于大多数鼬科动物，它没有可爱的外表，也没有较高的颜值。貂熊的体型酷似熊（因此而得名），它是现存最大的陆生鼬科动物。

貂熊又名“狼獾”，属于环北极圈动物。现存的貂熊主要分布在北半球寒冷的寒带、寒温带针叶林和森林苔原生境，包括北欧、美国、加拿大和俄罗斯远东等国家和地区。在黑龙江，貂熊目前仅分布于北部的大兴安岭地区，是世界貂熊分布区的最南端。

貂熊生活的地区大多冬季漫长且严寒，大兴安岭也不例外。貂熊能在这种严酷的环境中生存，自有独特的适应技巧。貂熊并不冬眠，因此必须想办法度过漫长的冬季。它的皮毛在防水的同时，保暖效果十分优异，这对寒冷的气候与冰雪环境具有极好的适应性。不过因为它的皮毛，使它一度成为人类竞相猎杀的对象，这是貂熊数量迅速下降的原因之一。

* 物种资料：

貂熊 *Gulo gulo*
食肉目 Carnivora
鼬科 Mustelidae

* 识别要点：

矮壮的鼬科动物，略似小熊。头体长约70厘米，尾长约18厘米。体暗褐色，四肢和腹部色较淡。吻和鼻短而宽，耳短圆。足较大，具有能半收缩的爪。

* 国内分布：

黑龙江、内蒙古和新疆北部。

貂熊是大兴安岭中孤独的行者，每个个体都拥有十分出色的维持生存的技能。貂熊是机会主义者，在寒冷的冬季和早春时节，它的主要食物来源是动物尸体。对于食物，它从不挑剔，遇到什么就吃什么。不管是猞猁吃剩的狍子残骸，还是腐败的野猪尸体，都能让它饱餐一顿。这种看似简单的取食策略，包含着貂熊在适应环境过程中获得的生存智慧，因为这对于生活在寒冷地带的貂熊来说至关重要。在严酷的冬季，食物匮乏，貂熊不挑食的特性有利于摄取更多的能量，在残酷的雪原保存力量，并延续生命。

貂熊的犬齿粗壮有余，锋利不足，有利于撕扯动物的尸体，特别是腐肉。它常常取食其他捕食者吃剩的食物，因而会采取追踪猞猁的策略，以便能快捷且高效地获取其他捕食者的食物残余。由于貂熊常尾随其他大型食肉动物捡食尸体残骸，甚至偷抢猎物，因此也面临着受到其他动物攻击的风险。

貂熊会埋藏食物，以备未来之用，如在食物短缺的冬季。大兴安岭的冬季气温很低，在这种环境下，食物会被冻得坚硬无比。但这对于貂熊来说也不是什么难事，头骨短圆、颧骨和冠状突发达、下颌骨粗壮，以及发达的颞肌和咬肌等特点，让貂熊拥有强大的咬合力，能够咬开坚硬的物体。

虽然身材不够威武，但貂熊却是凶悍的捕食者。它胆略十足，凶狠且强壮。因为拥有与身材不相匹配的强大力量，这让它敢于捕杀体重明显大于自身的猎物——狍子。大型有蹄类动物在貂熊的食物比例中占65%以上。貂熊是跖行性动物，它用前肢的指或后肢趾的末端两节着地行走。由于脚掌着地面积大（雪地上的脚印有10厘米长），对积雪的压力小，在雪中它也能长时间轻松前进。据当地的老人说，貂熊能在雪中长时间追踪，狍子三两只一群在雪中逃行，经过长时间追踪战后，狍子筋疲力尽，不得不停下来反刍。此时，貂熊便趁机捕杀这些比自己还大的猎物。研究者曾在大兴安岭双河保护区的冰面上发现过貂熊的新鲜足迹，并在一处灌丛中发现了它啃食过的狍子腿骨。

貂熊也会捕杀较小的动物，如雪兔和鼠类等，偶尔也采食鸟卵、植物种子和昆虫等，食物构成十分复杂。不挑食的习惯让貂熊能更多且更方便地获取能量。

虽然貂熊对严酷的自然环境有出众的适应能力，因而能成功地在寒冷的北方生存，但人类对其栖息地资源的掠夺和对它们皮毛的需求，使貂熊的分布范围受到压缩，同时也导致了貂熊种群数量的下降。貂熊对于维持大兴安岭地区生态系统的平衡和正常的功能具有不可或缺的作用。

撰文＊黄　冲　审阅专家＊姜广顺　供图＊国家林业局猫科动物研究中心

II [024]

猞猁：
四季“变色猫”

* 物种资料：

猞猁 *Lynx lynx*
食肉目 Carnivora
猫科 Felidae

* 识别要点：

外形似猫，但比猫大得多，头体长约110厘米，尾非常短，长约18厘米。身体粗壮，四肢较长，后肢长于前肢，耳尖具黑色耸立簇毛，两颊有下垂的长毛。体背面毛色变异较大，以灰色居多，也有棕褐色、土黄褐色或草黄褐色。皮毛上散布较多模糊的小斑点。

* 国内分布：

中国东北部、北部和西部。

在这个蓝色星球上，目前存在着4个猞猁物种，分别是广泛分布于欧亚大陆的欧亚猞猁、分布于欧洲的伊比利亚猞猁，以及分布于北美的加拿大猞猁和美国山猫。这4种猞猁的外在体型和生活环境有所不同。欧亚猞猁是其中体型最大的，而美国山猫体型最小。美国山猫的生存环境最广泛，无论是茂密的森林还是荒芜的沙漠地区，甚至农田和沼泽地带，都有它的身影出现，这与其他3种猞猁更喜好茂密的森林有很大的不同。分布于我国黑龙江省的欧亚猞猁，主要生活在茫茫的林海之中。

猞猁属于中等体型的猫科动物，比东北虎等大型猫科动物体型小，但比家猫的体型大得多。猞猁最典型的特征是双耳耳尖上有簇毛，这让它很容易被辨识。它的尾巴短小，同时也有其他猫科动物都有的面部胡须和肉质掌垫。它从高处下落时掌垫有助于缓冲，大的掌垫还有利于它在厚厚的积雪上行走。不过冬天它也会选择雪被较浅的山坡或在冰面上活动。2015年1月，国家林业局猫科动物研究中心曾在大兴安岭的双河保护区进行调查，于一处雪被较浅的山坡阳面发现了猞猁活动留下的新鲜足迹及大量粪便，表明这个区域是猞猁经常活动的地盘。

“高冷”通常是猞猁的代名词，因为猞猁神秘的行踪及独来独往的生活习惯，让它看上去高贵而优雅。独自生活，独自捕猎，这种生活方式赋予了猞猁几分神秘色彩，也使得它出现在许多古代神话中。在神话故事里，人们认为猞猁具有不寻常的超能力，能洞察世间万物的秘密。

作为食肉动物，猞猁拥有灵敏的感官和敏捷的身手。它是天生的捕猎高手，擅长打伏击，身体的颜色可以与周围的环境融合，善于隐藏自身。当猎物出现在捕猎范围内，它便会猝不及防地突击猎杀。猞猁拥有非常广泛的食谱，大到狍子等鹿科动物，小到雪兔和田鼠等小型动物，都是它捕食的对象。研究人员在大兴安岭进行野外调查时，曾在一处山坡上发现过猞猁捕食狍子的新鲜痕迹，表明在冬季，狍子是它的重要食物来源。

捕猎时猞猁懂得利用环境，主要原因是它的隐蔽效果好。猞猁的毛色会根据季节的变化而发生改变，这使它更易躲藏在环境中。它的毛发会根据季节的变换而更替。夏天炎热，它着装轻便，有利于散热；冬天寒冷，它会换上厚厚的“毛衣”，这件“毛衣”对生活在林海雪原里的猞猁来说是最好的保暖装备。脚

趾之间伸长的刚毛像把雪面刷子，使之不会轻易陷入深雪，让它在雪地上行动轻盈飘逸。

在雪被覆盖的北国冬季，它会循着猎物的雪地足迹追踪猎物。例如，它会根据狍子在雪地中留下的气味和痕迹展开追踪和猎杀行动，这是猞猁适应严寒气候的一种生存技巧，也是自然赋予它的捕猎天赋。

撰文＊黄　冲　审阅专家＊姜广顺　供图＊黑龙江太平沟国家级自然保护区

II [025]

紫貂：爱臭美，讲卫生

人体哪个部位最娇弱？自然是眼睛，任何风吹草动都会令它启动预防机制。然而世间竟然有一种连眼睛都不会拒绝的事物，那就是紫貂的皮毛，它灵活到令人发指的程度，可以变化角度配合走向，能精灵般从眼睑滑过，而眼睛竟如入无物之境。

灵活！是的，灵活。当我们对事物好奇时，会用手去碰触；面对所爱之物时，会忍不住用嘴唇去亲吻；对于紫貂，我们会用眼睛去抚摸。

紫貂并不是紫色的，只有极华贵者的毛色会泛紫罗兰色，亚种的毛色通常呈黑褐色、灰褐色、淡褐色或黄褐色。紫貂的皮毛遇风则暖，着水不濡，点雪即消。极寒的气候造就了紫貂美丽的皮毛，也给它带来了杀身之祸。

紫貂的寿命为 16 ~ 18 年。婴儿时期胎毛稀疏，呈浅灰色，一两天后变成灰黑色。成年后，它会长齐 4 层毛，即针毛、披针毛、绒针毛和绒毛，犹如人们穿衣般层层叠叠。针毛灵活且粗硬，绒毛保暖，针毛主

* 物种资料：

紫貂 *Martes zibellina*
食肉目 Carnivora
鼬科 Mustelidae

* 识别要点：

体小型，头体长 34 ~ 46 厘米，尾长 11 ~ 18 厘米，体重 0.4 ~ 1.1 千克。体被淡黄褐色至黑褐色毛，四肢与尾毛色偏深，在阳光下略显紫色光泽。头部较长，耳大，腿较短。

* 国内分布：

中国东北和西北部。

要负责保护绒毛。寒冷的冬天，一根针毛周围约有 44 根绒毛；到了温暖的夏天，一根针毛周围围绕着约 22 根绒毛。

将一根紫貂直针毛的上段无限放大，可以看出呈纺锤形（若不知纺锤的形状，也可以想象橄榄，两头尖中间粗），膨大粗壮的部位是紫貂直针毛最有利的防护盾牌。毛外层的鳞片像屋瓦一样排列，形成了紫貂被毛最坚强的护盾，密集的扁平型鳞片能有效地减少机械摩擦的伤害。

直针毛的髓质由排列疏松的多角形髓细胞组成，髓细胞间有很多气室，对热的传导有阻碍作用。髓质越发达，容纳的静止空气量越多，保温隔热性越强。紫貂直针毛髓质指数高达 82.38%，可以很好地协助下层绒毛执行保温功能，抵御寒冷。

紫貂爱干净，每次进巢穴前，都要用舌头把毛发梳理一遍。紫貂喜独居，居无定所，有时住在树洞里，有时住在石穴中。一旦住下来就会很讲究，居所按功能分区，有卧室和卫生间，甚至还有储藏室。卧室垫草，杂以树叶，配羽毛和自己脱落的毛发。天气晴好时，它会把储藏物翻出来晾晒。紫貂吃鼠、兔、鸡、鸟（包括啄木鸟）、白鼬和伶鼬，还吃昆虫、蜂蜜，以及越橘浆果和偃松子等，偶尔也捕鱼。

棕熊、狼、赤狐、北极狐、貂熊、黄喉貂、虎、猞猁、雕鸮、金雕、白尾海雕、乌鸦、苍鹰、雀鹰、大灰林鸮和北鹰鸮都是紫貂的天敌。

在俄罗斯、蒙古国、中国、日本、朝鲜和哈萨克斯坦都有野生紫貂分布。在我国，紫貂的生境可以分为两种类型：一是阿尔泰与大兴安岭山脉寒温带针叶林带；二是小兴安岭与长白山脉针阔叶混交林带。黑龙江乌马河紫貂自然保护区位于小兴安岭中段，目前生活着 20 多只野生紫貂。对于生境的选择，紫貂会考量猎物是否充足、天敌的种类和数量，以及周围的环境是否有助于保存自身能量（如坡向、坡位、坡度、植被类型、乔木株数、雪深和倒木）等因素。

撰文＊水 伊 审阅专家＊李 波 刘 徽 摄影＊庄凯勋 曹宏颖

II［026］

雪兔：冬夏外套两颜色

* 物种资料：

雪兔 *Lepus timidus*
兔形目 Lagomorpha
兔科 Leporidae

* 识别要点：

体大型的兔子，头体长约55厘米，尾长约7厘米，耳长约15厘米，体重约2.4千克。毛被硬直而粗糙，夏毛棕色或红棕色。冬毛完全白色，但耳尖、眼圈深咖啡黑色。

* 国内分布：

中国东北和西北部。

雪兔有两套衣服，冬天一身白，夏天一身咖。

随着太阳向南偏离地球的北回归线，黑龙江大兴安岭地区的积雪会一天深似一天。温暖的阳光当头照，而光照会影响雪兔换什么颜色的衣服。白天渐短且光照减弱，雪兔开始换毛，毛色逐渐变成白色。雪兔先长出针毛，后长出绒毛，换毛顺序从体侧、大腿和肩部开始，朝着脊背部的方向延伸，最后头部换毛。光照增加，毛色则由白色换成咖啡色。凭借两套相互替换的装束，雪兔成了寒带和寒温带森林的典型代表性动物之一。

夏日，雪兔穿咖啡色外衣，是为了适应森林山地泥土的颜色；而冬天变白，是为了适应雪地的颜色。雪兔还有天生的“雪地鞋”，像刷子一样的足底，在雪地上行走既不怕冷又可防滑。对于弱小的生命来说，在白茫茫的大地上，倘若穿红着绿，很容易暴露目标，那就意味着死亡的来临。

冬季，雪兔穿白色大衣时，仅耳尖和眼圈为深咖啡色，像是两种毛色转变时的提醒，也像是化妆点缀一下容貌。也许雪兔在冬天可以通过耳尖和眼圈深色毛的多少来辨认彼此。

树干枝头上，鹰、鸮与雕个个目露凶光；林间雪地中，貂、鼬和狐只只垂涎欲滴。为了躲避天敌，雪兔对家的选择尤为挑剔，洞穴位置要求向阳，坡度小，位于针阔混交林林下的灌丛中，周围的乔木株数较少。若在灌木丛中，雪兔喜欢在低于 2 米，隐蔽度为 30% ~ 60% 的灌丛中安家；杂草高度小于 50 厘米，周围有明显的倒木则更好。所有这些，都是雪兔基于保存自身能量、获取食物和躲避天敌的选择。毕竟它自身对抗天敌的能力有限，需要白天隐藏在灌丛、凹地或倒木下的洞穴中，夜晚出来活动。当然巢穴也不能固定，这就是所谓的“狡兔三窟”。

外界恶劣条件无法改变，但雪兔可以改变自己来适应环境。雪兔一出生就能睁开眼睛，20 天后可以独立生活。雪兔的大眼睛位于头部两侧，眼观六路，可同时进行前视、后视、侧视和上视。但因眼睛间的距离太大，要靠左右移动面部才能看清物体，快速奔跑时看不清正面，所以雪兔撞树的事情真的会发生。

在缺少口粮时，雪兔连有毒的桦树皮也会当成主食，它既不怕涩，也不怕毒。睡觉时，雪兔躲在巢穴中，鼻子朝上，这样可以闻到各方飘来的气味。雪兔极为小心，一旦危险袭来就飞快逃跑，速度可达 50 公里 / 小时。逃跑的过程中还能跃起 1 米高的距离观察周围的状况；在被追赶时，还能出其不意地掉头往来者的方向奔跑。雪兔可在深雪之下挖洞，在黑暗环境中营造安全之所。它们非常小心，外出归来时，一般不直接进家，总是看了又看，然后倒着进入洞口。

雪兔也有奇葩的爱好，就是吃自己的排泄物。但是，边吃边排的那种较硬的粪便是不吃的，而是吃在休息时排出的由胶膜包裹的那种较软的粪便。它们边排泄边将嘴伸到尾下，食用还没有干燥的粪便，可再次利用粪便中含量较高的维生素和蛋白质补充身体所需的微量元素。奇特的双重消化功能，使雪兔可以在冬天忍受饥饿，有体力躲避天敌。

雪兔的祖先在冰河时代广泛分布于北半球，现生存于北极及附近的冻原、针叶林地带。这种古老的物种凭借自身的智慧，同样在今天的冰天雪地中“闯出一番天地”。

撰文＊水　伊　审阅专家＊刘丙万　供图＊国家林业局猫科动物研究中心

II [027]

胎生蜥蜴：生蛋还是生仔

若独自穿行于5月的山中，春末的天气分外温暖，沿着蒙古栎的踪迹追寻，偶尔可见白桦与黑桦的倩影。渐渐地，愈见陡峭的山路唤醒心中初见幽境的欣喜，不知不觉间便来到了伊勒呼里高地。鸟鸣声、风声，以及前方树枝间隙洒落的阳光，为高地平添一抹温柔。当你为这生机勃勃的一切欣喜不已时，或许脚下松软的土地中会突然窜过一只小精灵：三角形的脑袋，纤瘦的体型，还有4只小爪子，犹如长了脚的蛇。它正是我们本次探寻的目标，黑龙江省唯一一种以卵胎生模式繁殖的蜥蜴——胎生蜥蜴。

这种生活在我国最北部的小生灵，游走于山中林间草甸。作为一种冷血动物，它每天都要通过晒太阳来积攒一天活动所需的热量。由于伊勒呼里高地的高海拔与高寒环境，从9月开始直至次年3月，整座伊勒呼里山寒冷干燥，西北风凛冽，时不时一场大雪便悄然而至。因此整整半年多的时间，它们都需要通过休眠度过这段最难挨的时光。4月时积雪匆匆融化，春

* 物种资料：

胎生蜥蜴 *Lacerta vivipara*
有鳞目 Squamata
蜥蜴科 Lacertidae

* 识别要点：

小型蜥蜴，体全长约16厘米，尾长约10厘米。头略呈三角形，吻端圆钝。体背棕灰色，散布暗棕色斑点。四肢较短。雌蜥蜴直接产出幼体。

* 国内分布：

黑龙江、新疆、内蒙古。

天已然来临，胎生蜥蜴繁殖的季节到了。这些生活在寒冷地带的生灵拥有特殊的生殖方式：卵生—卵胎生双繁殖模式。

这种模式意味着同一种生物同时存在两种繁殖模式，它名字中的“胎生”正是源于此。卵胎生是“体内孵卵”的意思，是介于卵生与胎生之间的一种过渡形式。值得一提的是，早在更新世时期，卵胎生就出现了。那个时期正是全球气候和环境变化最重要的时期：全球气候变冷，海平面下降，许多哺乳动物迁徙或灭绝——现在我们所在的伊勒呼里山正是这次变化中的产物。为了抵抗环境的巨变，一些卵生生物不得不延长卵在母体内的滞留时间，以达到提高后代存活率、加快后代发育及优化后代的目的。其中，爬行动物的卵胎生代表是白垩纪晚期的鱼龙和蛇颈龙等；现有的卵胎生动物有鲨、孔雀鱼、海蛇、蝮蛇和青海沙蜥等。由此可见，寒冷并不是卵胎生存在的唯一原因，但凡不利的环境都可能出现卵胎生。

胎生蜥蜴具体的表现是蜥蜴妈妈并不将卵产到窝里，而是留在肚子里，为宝宝们的孵化提供恒定的温度，以避免

外界寒冷带来的损伤。两个多月后，雨季的伊勒呼里高地炎热潮湿，高大的松树和桦树郁郁葱葱，短暂的无霜期已然过去，蜥蜴妈妈才将要破壳而出的小蜥蜴宝宝产出。在这期间，蜥蜴妈妈要拖着笨重的身体忙碌地捕食，获取热量，这不得不让人感叹母爱的伟大。刚出生的蜥蜴宝宝头儿大大，肚皮黑黑，破壳几分钟就可以四处活动了。它们好奇地探索着这个崭新的世界，分外可爱。

胎生蜥蜴是一种肉食动物。在它们生活的林间土质疏松，腐烂潮湿的落叶层层堆积，因此繁殖了大量的小昆虫。但凡出现在它栖息地的小虫子和软体动物，都是它们的食物，其中蚰蜒、蝗虫，尤其是粉蝶、尺蛾的幼虫，以及蜘蛛和蚂蚁的卵是它们的最爱。它们一般会隐藏在石下或洞穴中躲避天敌的捕食，一旦发现天敌——蛇的踪迹，它们便四下逃窜，甚至纵身入水，横渡湍急的小溪，它们的天敌只能望“溪”兴叹了。

据观察，胎生蜥蜴主要分布在大兴安岭、小兴安岭和黑龙江省的东部山地；在国外，其分布向北可达到北纬 73° 。由于胎生蜥蜴独特的分布范围及其特殊的繁殖模式，使它在黑龙江省生态环境中占据着重要地位。目前胎生蜥蜴已被我国列入《国家保护的有益的或者有重要经济、科学研究价值的陆生野生动物名录》（“三有”保护动物）中，它也将逐渐揭开神秘的面纱，迈着灵动的步伐走入我们的生活。

撰文 * 刘婉丽　审阅专家 * 赵文阁　摄影 * 刘婉丽

臭蜣螂：
“臭名昭著”的清道夫

* 物种资料：

臭蜣螂 *Copris ochus*
鞘翅目 Coleoptera
金龟科 Scarabaeidae

* 识别要点：

体长约2.5厘米，宽约1.5厘米。体黑色，背部较圆隆拱，体下被棕褐色绒毛。头铲子形，雄虫头上具向后弧弯的角突，雌虫则无。雄虫前胸背面高隆，具一对对称的前冲角突。小盾片缺如。足粗壮，前足胫节外缘具3个较大的齿突。

* 国内分布：

中国黄河以北的东部地区。

黑龙江的茫茫林海令人陶醉，这片葱郁的绿色为众多有蹄类动物，如狍子、獐子和马鹿等，提供了无与伦比的栖息地。如此众多的“消费者”在此繁衍生息，那作为“生产者”的森林如何才能永葆活力呢？这就要从分解者说起。

作为分解者的蜣螂，是大自然的清道夫，其“臭名”早已名满天下，其“业绩”也早已深入人心。从学术上来说，蜣螂属于动物界节肢动物门昆虫纲鞘翅目金龟科昆虫。简单来说，蜣螂是甲虫中金龟子的一种，它们主要以动物的粪便为食，所以被称为“屎壳郎”。黑龙江常见的臭蜣螂就是其中的一种。

别看臭蜣螂黑不溜秋，体型只比一元硬币略大，但黝黑“肤色”掩盖着的却是精巧与聪慧的光芒。首先，看它那像铲子一样具有小突齿的脑袋，非常有利于挖粪和挖土。工地上使用的挖掘机铲钭的齿，就是根据蜣螂头部的形状发明的！再看它强壮有力的前足，同样有着齿状构造，是制作粪球的绝好工具，也是推动粪球的主要动力所在。在相对纤细的中后足端部，长着一枚小“刺”，它在推粪球时可起到控制线路和平衡的作用。看来，蜣螂也懂得“工欲善其事，必先利其器”的道理。

中国有句歇后语说得非常形象：“屎壳郎掉在马桶里——得吃得喝。”这句话也把臭蜣螂的一生描绘得趣味十足。它的一生要经历4个生长发育阶段，即卵—幼虫—蛹—成虫，其中卵—幼虫—蛹这三个阶段都是在粪球中度过的。

当有蹄类动物在林间空旷处留下排泄物后，臭蜣螂雌虫会追寻着强烈的刺激性气味在林中往返飞行，最终在锁定的目标旁停落，于是辛勤劳作的一天开始了。它先用铲子似的头部将粪块铲起，并用前足一点点拨弄，如搓汤圆般将有蹄类动物的颗粒状粪便修整成更接近适合推动的球形。粪球制作完成后，它便转身，以前足为支点倒立，后足抬起并斜搭在粪球上。这时只要前足向后用力，粪球就会被推动了。推滚行走中，它会找沙砾较多的路面，让粪球表面附着更多的沙土，以有效降低食物的气味，避免被其他蜣螂争夺。

雌蜣螂滚着滚着，突然一只头顶带角的蜣螂落在粪球旁边，这只雄虫的模样比没角的雌虫更显威风。幸好它们是同种，雄蜣螂并没有对粪球进行争夺，反而爬到雌虫对面，用前足拉着粪球，倒着行走起来。它们形成一前一后协作的模样，颇为有趣，而且从早忙到晚，几乎不知疲倦，直至把为后代准备的数十个“营养球”完全做好。

几日后，雌蜣螂把产好卵的粪球埋在地下。卵逐渐发育，变成幼虫。幼虫取食粪球慢慢长大，最后成蛹。蛹经过一段时间，羽化出了成虫。

臭蜣螂不仅能够快速清除地表的粪便，而且可以控制粪便中蝇蛆的数量，破坏寄生虫的传播，不让其大量繁殖传播疾病；同时它们把粪便埋入土中，无形中为植物的生长提供了养分。如此一来，植物、动物与昆虫形成了一个可持续的良性循环，让黑龙江林区肥沃的土地持续保持着肥力，永远生机盎然。

撰文＊陈　尽　审阅专家＊李成德　绘图＊李小东

灰带管食蚜蝇：假装是蜜蜂，实则是苍蝇

昆虫在自然界中可谓渺小至极，面对残酷的适者生存法则，它们不得不将自己的外形伪装得惟妙惟肖，有的为有效躲避或威慑捕食者，有的则能提高捕猎效率，各形各色的昆虫为此真是“八仙过海，各显神通”。这些招式被人类科学地定义为“拟态”，指一种生物模拟另一种生物或周围环境，从而获得某些好处的生态适应现象。

秋季，黑龙江大兴安岭伊勒呼里山南麓的南瓮河河畔，多种菊科植物争相开放。白天在这些花丛中，很容易发现一种名为“灰带管食蚜蝇”的拟态昆虫。这种食蚜蝇虽然在中国南北方皆有分布，但在黑龙江十分常见，甚至在哈尔滨城市道路绿化带的花丛中都能看到它的身影。灰带管食蚜蝇是食蚜蝇家族中个头较大的一种，其体色黑黄相间，乍一看，它更像一只蜜蜂。

湿地不仅是食蚜蝇的家园，同时也是黑龙江草蜥的庇护所。在金色的阳光里，有只草蜥正攀爬在花丛

* 物种资料：

灰带管食蚜蝇 *Eristalis cerealis*
双翅目 Diptera
食蚜蝇科 Syrphidae

* 识别要点：

体长约1.5厘米。头近半球形，等于或略宽于胸，颜面有明显的中突。胸部近方形，具较密集的黄褐色绒毛，仅具一对前翅，前翅下方具细小的平衡棒。腹部暗黄色，卵形，背面前方具一厚实的黑色“工”字纹，末端黑色。

* 国内分布：

广布中国。

旁的灌木枝条上，享受着那份日渐消逝的温暖。别以为它在休息，其实它那转个不停地小眼睛正盯着花丛中嗡嗡作响的小飞虫呢。

可是，此时花丛中这些黑黄相间的昆虫在草蜥眼里都不能食用。因为有一次，当它扑向一只这种色彩的昆虫时，刚刚咬住就被对方狠狠地蜇痛了尾巴。从此它明白了一个道理：但凡有黑黄色彩的昆虫都不能捕食，其化学防御力让草蜥望而却步。令草蜥万万没想到的是，当初蛰它的蜜蜂与眼前这只食蚜蝇完全不是同一种昆虫，连远亲都攀不上。它们仅在外部形态和色彩上相似，而体内构造则截然不同。

如此一来，灰带管食蚜蝇凭借惟妙惟肖地模仿蜜蜂，逃过了捕猎者的眼睛。它可以在花丛中安心地吸取花蜜了，狐假虎威的伎俩十分奏效，这个貌似有毒针的家伙，即使人类见了也会退避三舍。不过有些孩童发现了其奥秘所在：它和苍蝇一样只有两个翅膀，而蜜蜂有四个。于是给它起名为“苍蝇蜂”，意为“形似蜜蜂的苍蝇”，甚至会捕捉它用来炫耀自己不惧怕蜜蜂的勇气。

灰带管食蚜蝇成虫通过拟态生存策略，在极大程度上减少了被捕食的风险。这种适应性的防御技能，与尖牙和利爪等攻击性“武器”相比，是更为有效的生存工具，与“不战而屈人之兵”有异曲同工之妙。

可是食蚜蝇的幼虫却没那么幸运，它的形态与苍蝇的“蛆”特别相似。虽然食蚜蝇的幼虫会爬上树木枝条捕食蚜虫，从而控制蚜虫的数量，算得上是益虫。但在黑龙江草蜥眼里，这种蛆相当美味，只要有机会绝不放过。幸好食蚜蝇成虫提前做好了准备，以高繁殖量来赢得这场食物链战争的胜利，身为脊椎动物的草蜥反而成了配角。正可谓“莫道雕虫技穷，只缘未深其中。”在黑龙江广袤的土地上，每时每刻都在上演这种悄无声息且没有硝烟的战争，这样才能确保大自然的生态更加趋于平衡。

撰文＊陈　尽　审阅专家＊李成德　摄影＊陈　尽

II [030]

雷氏七鳃鳗：古老的吸“命”法师

* 物种资料：

雷氏七鳃鳗 *Lampetra reissneri*
七鳃鳗目 Petromyzoniformes
七鳃鳗科 Petromyzonidae

* 识别要点：

体长约15厘米，体呈鳗条形，尾部稍侧扁。体背部暗褐色，腹部白色。头长，圆筒形。口呈圆形吸盘状，吸盘内侧具许多角质齿。鳃孔每侧7个，位于眼后。背鳍2个，在体后半部，呈山峰状。尾鳍矛状。

* 国内分布：

中国东北地区。

在黑龙江水系江河的上游溪流中，栖息着一群古老的食鱼者。它们没有鱼类的上下颌，却凶猛无比，昼伏夜出，喜欢对正在休息的鱼类邻居发起血腥进攻，堪称鱼类的梦魇。它们就是雷氏七鳃鳗。

雷氏七鳃鳗是一种古老的脊椎动物，它的起源可以追溯至距今5亿年前后的奥陶纪。虽然它的外形很像鳗鱼，但是并没有鱼类的上下颌，因此从生物学的角度来讲，它并不属于鱼类，而是古老的鱼形动物。

七鳃鳗家族曾经在地球上繁盛一时，如今全世界只剩下38种，与鱼类共存于水域中。分布于我国的七鳃鳗仅有3种，即雷氏七鳃鳗、东北七鳃鳗和日本七鳃鳗，它们的生活习性与摄食方式极为相似，而且主要分布在黑龙江流域。黑龙江流域气候严寒，加之上游属于山区型江段，所以水温常年不超过20℃。黑龙江上游江段的两岸山谷间有高低不等的河漫滩，大部分由花岗石、砂石和页岩组成，水质清澈，非常适合冷水性无颌类雷氏七鳃鳗生活。

白天，雷氏七鳃鳗潜于沙底或藏在石块下休息，养精蓄锐。夜晚，溪流中的大部分鱼类都休息了，雷氏七鳃鳗便出来觅食。它的猎物很多，溪流中的细鳞鱼、鲤鱼和鲫鱼等都是它的攻击对象。

尽管没有上下颌和真正的齿，雷氏七鳃鳗却拥有自己的秘密武器——吸盘状且长满角质齿的口。雷氏七鳃鳗利用吸盘状的口将自身吸附在鱼体上，同时口内的角质齿还起到扎钩紧扣的作用，以防止猎物挣脱。它那布满角质齿的口与锉刀般的舌头（简称锉舌）简直就是鱼类的噩梦。当它成功吸附鱼体后，雷氏七鳃鳗利用舌头锉破鱼体的皮肉，通过锉舌活塞式的往返运动来吸取猎物的体液、血和肉，美美地享用午夜大餐。虽然雷氏七鳃鳗的个头不大（通常只有十几厘米），但被它们吸附的大鱼都难逃厄运。

鱼类的呼吸运动是通过水流从口进入，从鳃流出进行的，水流一进一出之间，鱼类利用鳃丝上的鳃小片进行气体交换。雷氏七鳃鳗也不例外。但是攻击其他鱼类时，雷氏七鳃鳗的口紧紧地吸附在寄主的皮肤上，水流无法进入，那它是怎样解决呼吸问题的呢？雷氏七鳃鳗每侧眼后排列着7个外鳃孔，它利用外鳃孔周围强大的肌肉自由控制鳃孔的启闭，这样水就可以从外鳃孔流入，在鳃囊交换气体后仍由外鳃孔流出，以此适应它们吸附鱼体体表摄食的半寄生生活。

需要指出的是，除了享用鱼肉大餐外，雷氏七鳃鳗还会摄食一些浮游生物。与它那吃尽鱼体内脏只留躯壳的亲戚盲鳗比起来，雷氏七鳃鳗多少也还有几分菩萨心肠吧。而它的幼鳗更是素食主义者，主要以沙石上的植物碎屑和附着的藻类为食。

雷氏七鳃鳗是古老的无颌脊椎动物，在生物进化过程中起到了连接无脊椎动物和脊椎动物的过渡作用，具有重要的科研价值。尽管雷氏七鳃鳗出没于人迹罕至的河流上游或支流的溪流处，但近年来由于人口迅速增加，以及捕捞强度过大，导致雷氏七鳃鳗的资源量锐减。目前雷氏七鳃鳗已被列入《中国濒危动物红皮书·鱼类》名录中。今后我们要更加重视和保护这种古老的鱼形动物，通过对它的深入研究，更好地了解动物的进化过程。

撰文＊黄璞玮　审阅专家＊赵文阁　摄影＊张　帆

II［031］

松杉灵芝：
菌中艺术家

1987年5月，一场熊熊烈火肆虐于东北大兴安岭，吞噬了约121406平方千米的森林。大火过后是毫无生机的寂静，焦土与灰烬令所有的一切都显得苍白无力。

不再有缕缕阳光透过层层树叶倾泻而下，再也听不到阵阵清风吹拂灌木的窸窸窣窣声。但对于某些生物来说，似乎一切都恰到好处：约26℃的气温，85%～90%的空气湿度，针叶树树根韧皮部不知何时飘落几颗卵形的松杉灵芝孢子，谁也不知道它们沉睡了多少年，就在此时它们竟然从睡梦中渐渐苏醒了。

松杉灵芝不能通过光合作用制造碳水化合物，只能利用针叶树的枯死木或伐根来维持生计。当孢子萌发出洁白的菌丝，穿透韧皮部这道屏障，就会抵达木质部。菌丝可以分泌出多种酶来分解木质素和纤维素等营养物质。遇见美味佳肴，它们努力地吸吮着，碳源、氮源、矿物质和维生素统统不在话下。等到菌丝生理成熟，一朵朵乳白色的菌朵从树根上冒了出来，像新出生的婴儿般白白胖胖的；青年时，菌柄变成了金黄色；等

* 物种资料：

松杉灵芝 *Ganoderma tsugae*
多孔菌目 Polyporales
灵芝科 Ganodermataceae

* 识别要点：

大型真菌，子实体有柄，菌盖长约9厘米，宽约5厘米，厚约2厘米。肾形或扇形，木栓质，表面红色，具有光泽的皮壳边缘，有棱纹。柄长2～10厘米，粗1～4厘米，色泽与菌盖相同或稍深。

* 国内分布：

黑龙江、吉林和甘肃等地。

到中年时，它完全摆脱了儿时的稚嫩，红褐色的菌柄，呈半圆形或肾形的菌盖，披着带有漆样光泽的外套，羡煞旁人。

松杉灵芝分布于我国黑龙江大兴安岭等寒温带地区，通常生长在海拔 700 米以上的天然针阔混交林中，落叶松、云杉和冷杉等针叶树的伐根和腐木是它的衣食父母，因此才有了“松杉灵芝”这样生动的名字。松杉灵芝在森林生态系统中发挥着先锋主导作用，它是物质循环和能量传递的重要环节。松杉灵芝还具有较高的观赏价值，常作为居家盆景装饰。此外，松杉灵芝的药用价值也很高，它含有人体必需的氨基酸、核苷、维生素和三萜类化合物等物质，具有益气安神、镇静止痛、抑制肿瘤和解毒护肝等功效，是大自然对人类的馈赠。

松杉灵芝以天为父，以地为母，在森林中默默生长，繁衍生息。无奈长相出众，“芝美招风”，又遇到欲求无度的人类，必将难逃厄运。由于人类的无序采集，加之生态条件的异常变化，目前野生松杉灵芝已到了一芝难求的境地，成了灵芝界的大熊猫。

撰文＊刘增才　审阅专家＊邹　莉　摄影＊刘雪峰

木耳：化腐朽为神奇

东北的大兴安岭、小兴安岭和长白山，构成了中国最广袤的林区。在这片历史悠久的林区里，过熟的老龄木倒下，天然的幼苗生长更新，大自然在这白山黑水间，演绎着一场生命的赞歌。有些生物没有绚丽的外表，卑微如尘土，却对生态系统起到不可忽视的作用，今天我们的主角木耳，便是其中的一位。

郁郁葱葱的森林中，一棵树走到了生命的尽头，它庞大的身躯或立或倒，身边的植物则拼命生长，想挤过来承继林间宝贵的空间和阳光雨露。可是巨大的树干既不能被动物吃掉，又不能成为植物的养料；如果不能被分解，哪里还有小树生长的空间呢？别担心，我们的主角可能已经在树干里活动了。木耳萌发菌丝，分解其他生物很难消化的木质素和纤维素，让树干慢慢腐朽。最后树干会在各种微生物的共同努力下回归自然，而木耳则在成熟后长出了自己的果实——子实体。咦？这子实体怎么长得像一枚黑色的耳朵？是，我们的祖先一定也是这么想的，长在朽木上的耳朵，就叫木耳吧！

* 物种资料：

木耳 *Auricularia auricula*
木耳目 Auriculariales
木耳科 Auriculariaceae

* 识别要点：

大型真菌，侧生在朽木上。子实体呈耳状、叶状或杯状，耳片直径5～10厘米，厚约0.2厘米，腹面平滑下凹，边缘略上卷，呈波浪状。子实体质地为胶质，半透明，有弹性。

* 国内分布：

广布中国南北低海拔地区。

木耳是一种大型真菌，所谓大型，就是它除了孢子和菌丝，还能形成肉眼可见的子实体，任人类采摘。木耳的子实体单生或丛生，常呈覆瓦状重叠在一起。新鲜时是柔软而富有弹性的胶质，干后收缩成硬而脆的角质。木耳是中国人最早采食的食用菌之一，它“性甘平，主治益气不饥，轻身强志”，是一种珍贵的食材。此外，木耳营养丰富，具有降血糖、降血脂和抗衰老等功效，富含的粗纤维和胶质能起到清理肠胃的作用。和在森林中一样，木耳在哪儿都发挥着“清道夫”的作用呢。

木耳的子实体成熟后开始散播孢子，孢子是木耳的种子，一朵木耳可以产生上亿的孢子，它们借助风、昆虫或其他小动物传播。孢子既小又轻，小到肉眼看不见，可以悬浮在空气中，随着空气的流动传播很远。上亿的孢子随风飘散，那满世界岂不是要长满木耳了？不要急，木耳漫长的生命征程才刚刚开始，只有落在枯木的伤口或裂缝中的孢子，遇上适宜的温度和湿度条件，才能萌发出菌丝；而且枯木必须是阔叶树的枝干，如栎、杨、榕和槐等。枯木虽死，表面坚硬的组织还在，刚萌发的菌丝很细弱，只能在缝隙中艰难生存。

绕过了坚硬的表皮，菌丝开始向内部生长，结果又遇到了讨厌的单宁和芳香油，这些天然的抑菌成分也让菌丝步履维艰。另外，木材的含水量和温度也会制约菌丝的生长。

好在木耳的毅力超乎人们的想象，严寒或干旱只能让菌丝蛰伏——权当是休息了，一旦条件转好，它们又会顽强地生长。经过数年甚至数十年的潜伏，木耳的菌丝在枯木中形成了纵横交错的网状菌丝体，这些菌丝体像树根一样汲取枯木中的养分。终于在夏末秋初，最好是一场雨后，菌丝觉得时机成熟了！于是，朽木上绽放出了一朵朵木耳花。

撰文＊王世新　审阅专家＊邹　莉　摄影＊陈作红

*

小兴安岭 / 松下听雪

红松：松子之王

松子从哪里来？松子当然是从松果里来的。可是，我们身边结松果的松树非常常见，为什么从来没发现里面有可以吃的松子呢？这是因为松树的种类不对。中国广泛栽培的松属植物中，北方主要是红松、樟子松、白皮松和油松，南方主要是马尾松和云南松。除了红松以外，其他种类松树的种子大多都是薄片状的，一阵风就刮跑了，很难收集；而且种仁也很小，食用价值低。

在种仁大到值得为之嗑开硬壳的中国松树里，红松位列当之无愧的第一名。红松种子的长度超过1厘米，成熟的球果长达15厘米以上，十分壮观，因此被称为“松塔”。凭借如此肥硕的种子，红松在中国松子产量中占据了将近九成的份额；不仅如此，它也是欧洲和北美市场上最常见的松子。

红松是松科松属的大乔木，分布于东北亚地区，包括中国东北、俄罗斯远东、蒙古国、朝鲜半岛和日本中部。在中国，红松主要见于东北的长白山和小兴安

* 物种资料：

红松 *Pinus koraiensis*

松目 Pinales

松科 Pinaceae

* 识别要点：

乔木，高可达50米，胸径约1米。大树树皮灰褐色，纵裂成不规则的长方形鳞状块片，裂片脱落后露出红褐色的内皮。树冠圆锥形。针叶5针一束，长约9厘米，粗硬，深绿色，边缘具细锯齿。球果圆锥状卵圆形，长约11厘米，直径约7厘米，成熟时种子不脱落。种子长约1.5厘米，暗紫褐色或褐色，呈倒卵状三角形，微扁。花期为6月，球果于次年9～10月成熟。

* 国内分布：

黑龙江小兴安岭和吉林。

岭，是海拔1800米以下山地针叶林和针阔叶混交林的优势种。红松的寿命可达500年甚至上千年，在野生环境中能长到50米高。红松名字中的“红”，指的是老树的树皮呈红褐色；由于模式标本产自朝鲜，它的学名种加词是“koraiensis”。

作为一种裸子植物，红松没有真正意义上的花，它的繁殖器官是大小孢子叶球，俗称雌雄球花。每年开春时节，红松都会萌发新枝，新枝的顶端生长着几枚雌球花，下半截则密密麻麻地长满了雄球花。到了5 ~ 6月，成熟的雄球花开始释放花粉。红松是风媒植物，而风是一种非常不精确的传粉媒介，需要极大量的花粉才能保证授粉成功。所以每到散粉季节，只要一刮风，红松林就仿佛在冒烟。红松的花粉很轻，而且有两个气囊，在风的吹送下可以飞越几十至上百千米的距离。

低调的雌球花此时也成熟了，裸露的胚珠分泌的黏液可以黏住飞来的花粉，并帮助花粉萌发。红松从传粉到受精的时间间隔长达12个月。花粉在胚珠顶部的花粉室里萌发后，会进入休眠状态越冬，直至第二年春天才继续生长，进入胚珠内部完成受精。这时的雌球花就可以叫作球果了。它开始迅速膨胀，积累营养，让种子发育成熟。红松的球果隔年成熟，在松属里算比较快的了，有些种类从授粉到种子成熟，可以长达十余年。

成熟的松子是森林里很多动物的粮食。最爱吃松子的除了大家熟悉的松鼠，还有星鸦。这一鸟一兽在大快朵颐之余，还有贮藏松子的习惯。星鸦不辞辛苦地啄开松塔厚实的鳞片，剥出松子，然后在地面上挖一个几厘米深的小坑将松子埋起来。在松子成熟的季节，一只星鸦能埋下 15000 多粒种子，埋藏地最远可达 4 千米以外。这些种子中的很大一部分最终被星鸦遗忘了，于是它无意间成了红松的播种者。

红松在全世界的野生种群规模很大，目前没有濒危之虞；但在中国，过度采集松子仍然对这个物种的种群延续造成了威胁。在有人采集种子的红松林里，到达地面的种子数量只有自然条件下的千分之一，极大地影响了红松种群的自然更新。尽管根据国家的保护法规，在天然林中采集松子是违法行为，但诸如使用氢气球之类的采集活动仍然屡禁不绝。其实以培育松子为目标的红松人工栽培已经相当成熟了，理性的消费者应该拒绝购买标榜野生的松子，以保护宝贵的红松天然林。

撰文 * 顾 垒　审阅专家 * 朱春全　摄影 * 谭春林 关艳辉

紫椴：与红松做伴，让蜜蜂采蜜

* 物种资料：

紫椴 *Tilia amurensis*
锦葵目 Malvales
锦葵科 Malvaceae

* 识别要点：

落叶乔木，高可达25米。树皮暗灰色，纵裂，片状剥落。叶阔卵形或近圆形，先端急尖，基部心形，边缘具不整齐的锯齿。聚伞花序具数十朵黄色小花。果近卵圆形，被星状茸毛。花期为6～7月，果期为8～9月。

* 国内分布：

黑龙江、吉林和辽宁。

紫椴开花的时候，最欢喜的一定是蜜蜂吧？那种香气就不必说了，有鼻子的生物都闻得到。每一朵花都慷慨大方，蜜蜂简直不用费力就能采到满嘴的蜜；更有甚者，有些蜜蜂把巢都筑到紫椴树上了。

在黑龙江，紫椴主要做两件事：一是给红松做伴；二是让蜜蜂采蜜。紫椴几乎是红松的小跟班，它是伴生树种，在山中部以上的阳坡和半阳坡上陪伴红松，常伴其左右的小伙伴还有云杉、冷杉、枫桦和榆树。

6月中旬至7月中旬是黑龙江省紫椴的花期。椴花盛开时，小兴安岭和长白山的森林变成了一个香喷喷的世界。黑龙江昼夜温差大，特别有利于甜蜜素的形成。这里的蜜源植物也比别的地方多一些，最香的就是紫椴。紫椴的花朵比较娇小，也不太好看，每朵花都有5枚花瓣，花瓣基部分泌亮晶晶的花蜜。

紫椴花蜜号称雪蜜，色泽晶莹，易结晶，结晶后真的是白如雪，莹如玉，比其他椴树的蜜更白一些。但凡被子植物，开出的花朵一般有两个特点，即香花不美，美花不香，美香兼有的花朵并不多。为什么会这样呢？原来植物开花要耗费的养料特别多，如果花的香气重，就能吸引嗅觉灵敏的动物来传粉；如果花的色彩艳丽，就能吸引视力佳的动物来传粉。只要满足其中一条，就能达到吸引动物传粉的目的了，不必耗费双重养料让自己的花既香又艳丽。紫椴就是采用了前一种手段，它利用浓郁的香气吸引昆虫传粉，同时也提供大量的花蜜作为回报。

紫椴小时候耐阴，长大后喜光，常单株散生于红松阔叶混交林里。它的寿命比较长，所以长势比杨桦之类的树种要慢；但是它耗得起时间，等它从林荫下的小树苗长成大树时，最初主宰这片森林的杨桦已经走到了生命尽头。所谓大器晚成，要成材并不一定急于求成。

所有椴树开花都有一个共同的特点，就是花序基部有一个大大的匙状总苞片。它在花期似乎没什么作用，但到了果期，花序仅有部分花结成果实，其他都凋落了，匙状苞片仍然存留。等到果实成熟时，匙状苞片变得干燥且轻盈，最后连同果序一同脱落。此时果实会随着匙状苞片在空中快速旋转、旋转、旋转……这可不是闹着玩，而是为了减缓坠落的速度。这时如果吹来一阵风，就能把种子吹跑，使它们飘到更远的地方。

紫椴的种子同样爱睡觉，它含油率高，不易吸水，种皮坚硬，不易发芽，长成树苗其实也不容易。但是它有耐心，它可以在其他树木的荫庇下等待多年，直到发芽的那一天。

撰文＊水　伊　审阅专家＊郑宝江　摄影＊刘　冰 关艳辉

白桦：
直上云端藏甘泉

漫步于黑龙江的小兴安岭，可以看到成片的白桦林屹立在北方大地上，但这种景观并非人力所为，而是借助于来自西伯利亚的寒流。

白桦的树皮非常奇特，表皮光洁色白，如纸片般黏贴在树干上，在风中战栗着，时而还会发出窸窸窣窣的声音，似呓语，似虫鸣。人们过去还曾用褪下的白桦树皮来写情书，用以寄托情思。

秋风起，白桦金黄的树叶撒落满地，甚是美丽。在树叶飘落的同时，枝头上一颗颗长着小翅膀的白桦种子随风起航，飘向他处。在寒风中，它们是那么欢乐，因为它们知道，风越大，飞得越远。乘风而起，御风而行，随遇而安。只要有立身之处，小小的白桦种子即可扎根生长。

白桦喜光、耐严寒、耐瘠薄、萌芽强、生长较快、扎根深且喜酸性土壤，无论在沼泽地、干燥阳坡还是湿润阴坡都能生长。白桦骨子里具有不屈不挠的精神和无所畏惧的勇气，这种优秀的品德获得了俄罗斯人

* 物种资料：

白桦 *Betula platyphylla*
壳斗目 Fagales
桦木科 Betulaceae

* 识别要点：

乔木，高可达27米。树皮灰白色，皮孔黄色，成层剥裂。叶三角状卵形，先端渐尖，基部宽，边缘有不规则的锯齿。花单性，花序生于枝条顶端，雌雄同株。果序单生，圆柱形，下垂。坚果小而扁，两侧具宽翅。

* 国内分布：

中国东北、华北、中部和西部。

的赞赏，因此白桦树被俄罗斯定为国树，并将其作为民族精神的象征。

高达25米的白桦树巧妙地利用大自然风的力量，在激烈的树木领地竞争中，获得了一席之地。它或与红松、落叶松、山杨、蒙古栎混生；或成纯林，形成自己的浪漫国度。无论孤植或丛植于庭园与公园的草坪、池畔、湖滨，还是列植于道路两旁，都非常美观。在中国北方的草原上、森林里及山野路旁，都很容易看到成片茂密生长的白桦林。

因风而生，利用小翅膀飘荡的种子虽然形同流浪，但大多在开垦的森林地段，首先生长起来的都是白桦树，所以它被称为先锋树种。在林区人眼里，不选择生长环境，也不怕寒冷和火烧的白桦树浑身都是宝，他们的生活与白桦树有着千丝万缕的联系。

烧大炕的柴火、生木耳的原木及小院墙的木栅等，都离不开桦木。白桦树树皮被赫哲人剥下，可制成各式用具或工艺品，甚至还能用它制作捕鱼的小船。人们在野外赶路，口渴的时候，只要在桦树干上扎一个眼，一会就能接满一大杯甘甜的桦树汁。桦树汁是一种无色或呈淡黄色的透明液体，具有特殊的清香气味。天然桦树汁是目前世界上公认的营养丰富的生理活性水。

在黑龙江寒冷漫长的冬季里，白桦开出的一串串柔荑花序，是细嘴松鸡和花尾榛鸡等度过严冬的宝贵食物。不少动物依靠啃食白桦的树皮和吸取汁液生存，东北兔就是其中之一。春天，小兴安岭冬眠醒来的黑熊也会立即寻找白桦，吸食美味的白桦汁液以补充能量。或许森林里的鸟兽们也想从风那里获得一份被转化的能量吧！

在白桦略显光洁的树干上，总觉得隐藏着一双双眼睛。不同的角度有不同的眼神，它们会紧紧地盯着闯入者，让人不敢妄生邪念。白桦高大的树干如哨兵般坚毅挺立，给人以力量和希望。

撰文 * 冉景丞　审阅专家 * 郑宝江　摄影 * 李显达

Phellodendron amurense

II [036]

黄檗：百毒不侵

* 物种资料：

黄檗 *Phellodendron amurense*
无患子目 Sapindales
芸香科 Rutaceae

* 识别要点：

乔木，树高10～20米。树皮较厚，灰褐色，内皮黄色，味苦。羽状复叶，叶缘常有锯齿。花单性，雌雄异株，圆锥状聚伞花序，顶生。花小，紫绿色。果近圆球形，蓝黑色，具5～8条浅纵沟，内有种子5粒。花期为6月，果期为9～10月。

* 国内分布：

中国东北和华北各省。

黄檗，俗称“黄菠萝”，虽然这个名字很容易让人联想起平时吃的菠萝，但这两种植物的确没有任何亲缘关系。黄檗生长在我国东北和华北的温带森林里，是珍贵的国家二级保护树种。

黄檗具有久远的历史，属于第三纪孑遗植物。它熬过了剧烈的地壳运动和气候变化，经过严酷的自然选择，屹立千百万年存活至今，是植物中的活化石。因黄檗具有傲霜斗寒且坚毅挺拔的君子之风，而成为“正气”“高尚”“长寿”和“不朽”的象征，长久以来一直受到人们的追捧。

黄檗的叶子像鸟儿的羽毛，一根根羽状复叶组成的庞大树冠，好似华丽的冠羽头饰。树皮呈灰褐色，木栓层又厚又软，一拳打上去也不会觉得疼，是制作软木塞的天然材料。想当初，那只慌不择路的兔子如果撞上的是黄檗，可能就免去了守株人的非分之想。

柔弱的外表并不能掩盖黄檗硬朗且丰富的内涵，它在生产和生活中的用途十分广泛，具有很高的经济价值。黄檗与水曲柳、胡桃楸并称为东北“三大硬阔”，其木材质地坚韧、纹理美观且耐腐耐湿，是上等的家具用材。同时，黄檗还是名贵的中药材，在《神农本草经》和《本草纲目》中均有记载，它具有清热解毒和利胆燥湿的功效。黄檗的树皮内层含有大量的小檗碱，具有抗菌、抗炎和降血压的功效，止泻药盐酸小檗碱就是从黄檗的树皮中提取的。小檗碱的形成源于黄檗自身特有的光合途径及不同于其他树种的遗传基因。由于小檗碱的抗菌作用和对昆虫的驱避效果，为黄檗罩上了一层“百毒不侵”的外衣，因此在成年的黄檗树上很少见到病虫害。正是由于黄檗耐寒和抗病虫的生存能力，使它成为东北红松阔叶林顶级群落的主要伴生树种，在红松更新及阔叶红松林的结构与功能动态中发挥着非常重要的作用。

在残酷的自然面前，黄檗顽强生存，繁衍生息，同时无私地倾其所有回馈自然和人类。但人们一度为了攫取更高的经济利润，乱砍滥伐，对黄檗造成了灾难性的破坏。近年来，随着自然保护意识的提高，国家对黄檗采取了各种保护措施，而且栽培和经营技术也日趋成熟。经历自然和人类给予的重重磨难之后，黄檗重新焕发了盎然生机，再次踏上求生与奉献的延绵之路。

撰文＊张　杨　审阅专家＊郑宝江　摄影＊陈海龙

Aralia elata var. *glabrescens*

刺老鸦：刺袍加身

* 物种资料：

辽东楤木 *Aralia elata* var. *glabrescens*

伞形目 Apiales

五加科 Araliaceae

* 识别要点：

小乔木或灌木，高1～6米。树皮灰色，小枝灰棕色，疏生多数细刺。叶为羽状复叶，长40～80厘米，羽片有小叶7～11片；小叶片薄纸质，阔卵形，长约9厘米，宽约6厘米，先端渐尖，基部圆形，边缘疏生锯齿。圆锥花序长30～45厘米，伞房状，有小花多朵，花黄白色。果实球形，黑色，有5棱。花期为6～8月，果期为9～10月。

* 国内分布：

中国黄河以北的东部地区。

大家不要误会，“刺老鸦”可不是动物，而是一种分布在长白山区和小兴安岭南部的植物，它的官方名字叫辽东楤木，又称“龙牙楤木”“刺龙牙”等。与同为五加科的人参和刺五加相比，刺老鸦知名度还是差些，但不影响其在东北植物界中的地位，它是东北顶级森林群落——红松阔叶林中的重要成员。作为东北植物大家庭中的一分子，刺老鸦虽然颜值不高，但长得还算有个性。这种密被皮刺的小乔木叶片为二回羽状复叶，圆锥花序顶生，很容易辨认。

刺老鸦虽然给人以低调而内敛的感觉，但其生存策略却令人叹服。红松阔叶林通常分三层，即乔木层、灌木层和草本层，各层植物为争夺有限空间、水分和养分等，进行着残酷的竞争。刺老鸦作为小乔木，在灌木层之上，又低于乔木层，置身三层之外，目的就是为了避免与同类兵戎相见。为避免受到外族侵害，刺老鸦还穿上了一身刺袍。它的刺不仅覆盖了枝干，甚至连大型的二回羽状复叶的叶柄背面也分布着倒生小刺，所以刺老鸦还有一个很贴切的俗名“鹊不踏”。李时珍《本草纲目·木三·楤木》中说：“今山中亦有之。树顶丛生叶，山人采食，谓之鹊不踏，以其多刺而无枝故也。”不仅鸟不敢碰它，很多野生动物对它也只能远观。另外，刺老鸦体内含有丰富的化学成分，如楤木皂苷、黄酮、木质素、多糖、挥发油和鞣质类成分，能有效提高免疫力，让病虫害对它也是敬而远之。可以看出，它非常希望过上平安的生活。

了解了这些，你一定认为刺老鸦会平安地终其一生，但并非如此。它万万没想到，人类才是它最大的天敌。

辽东楤木以“刺老鸦”的名字问鼎东北地区野菜排行榜，而它的食用部位恰恰是将展未展的嫩芽。每年5月中下旬，林区百姓将其新芽整体取下，一部分自己尝鲜，一部分在市场上出售，还有一部分出口到日本和韩国等国。在日本，它有着“天下第一山珍”的美誉。由于风味绝佳，又有安神补气、强身健体和降糖等功效，所以市场需求逐渐增加，随之而来的是掠夺式采集，自然命运堪忧。另外，刺老鸦还能入药。中药名为“龙牙楤木”，入药部位是它的根皮，具有健胃、利水、祛风除湿和活血止痛之功效；其醇浸液在民间常被用于治疗神经衰弱、风湿和糖尿病等。刺老鸦为浅根系小乔木，主根不发达，侧根多沿肥沃的浅层土壤横走，这就给采根提供了便利。采药人沿树干找到一条根，很容易从头到尾取出，使其遭受灭顶之灾。

也许太过完美，更容易招来杀身之祸？

撰文＊王美娟　审阅专家＊郑宝江　摄影＊周海城

Heracleum moellendorffii

II [038]

短毛独活：有风花不动，无风独自摇

* 物种资料：

短毛独活 *Heracleum moellendorffii*

伞形目 Apiales

伞形科 Apiaceae

* 识别要点：

多年生草本，高 1 ~ 2 米。茎直立，有棱槽，上部有分枝。叶长 10 ~ 30 厘米，叶片轮廓广卵形，薄膜质。复伞形花序顶生和侧生，花白色。果微小，圆状倒卵形，顶端凹陷，背部扁平。花期为 7 月，果期为 8 ~ 10 月。

* 国内分布：

中国东部、东北部、中部和西南部。

位于伊春市的乌伊岭国家级自然保护区，其开阔林地边缘是大型草本喜欢生长的地方。这里没有高大树木的遮蔽，也没有潮湿不透气的沼泽，充足的阳光与肥厚的土壤，让这些高大的草本有了足够的生长空间。短毛独活便是林地边缘常见的种类，从春夏之交到初秋，高大的短毛独活端举着大捧的小白花异常惹眼。

“独活”这个名字的由来有点意思。据《太平御览》记载，说独活“有风花不动，无风独自摇”。李时珍引陶弘景“其一茎直上，不为风摇，故名独活。”大抵都是指独活这种植物高大，茎秆结实，不为风所动。然而中药中的“独活”，指的是伞形科当归属的毛当归，而植物分类中的当归属和短毛独活所属的独活属虽同属伞形科，但关系却并不算亲近。不过“独活”二字描述短毛独活还是很形象的，因为短毛独活的植株的确高大，虽为草本，却可高及成人。

短毛独活是多年生植物，春天发芽较晚，粗大的茎叶在其他草本还未成型时快速生长展开，狠狠地把其他植物压在身下。春夏之交，茎顶便长出大捧大捧的复伞花序，被粗壮的茎叶托举过头。短毛独活的花序庞大，成片开放，常常立于路边，让人目不暇接。

仔细观察短毛独活的花序，会发现它是由数量众多的小花组成的。小花繁缀，每每几十朵簇成平伞形簪在一起。分辨这些小花，每朵由深裂的 5 瓣构成，细长的雄蕊沿着花瓣的缝隙探出。每伞小花由外而内次第盛开，外层小花的花瓣大而平展，犹如小蝶一般；而伞内小花的花瓣则小而褶皱，层层镶嵌在一起。每伞的小花虽数量可观，但从外观看去，像一朵盛开的大花，外围好比花瓣，而中间仿佛花心一般。短毛独活每伞小花的总花梗，又汇聚成更大的一伞，这便是复伞花序。原本米粒般大小的小花，由此往复聚合，便形成了直径约 20 厘米的大幅伞花。

像短毛独活这样的伞花结构，让人想起很多类似样貌的植物。五福花科的琼花、绣球花科的绣球及菊科的向日葵都有与其极其近似的结构。植物们为了让自己能结出更多的果实，自然是花开得越多越好。但是众多花朵挤在一起，花瓣层叠累压，既浪费资源又不能让传粉者集中传粉。于是很多植物便懂得合理利用空间，让原本一朵大花变成众多小花，外围用大花瓣作为吸引昆虫的目标，而内侧的小花则缩小或省去花冠，专心为传粉结实而生。如此一来，这些植物可以在短时间内让大量小花完成授粉，以便结出更多的果实。

短毛独活的智慧让它成为开阔湿地及草原的优势种。短毛独活分布很广，除了炎热的江浙和岭南地区，从东北到云南均有分布。短毛独活喜欢凉爽湿润的环境，在华北和西部生长在透气开敞的湿润山谷中；而在黑龙江的森林类型里，它更喜欢平坦湿润的森林边缘。黑龙江的老乡们经常在春天采集短毛独活的嫩茎叶食用，并因它的味道类似芹菜而亲切地叫它“老山芹”，有时也叫“东北牛防风”。

撰文＊方　杰　审阅专家＊冯富娟　摄影＊刘　冰

II［039］

木贼：粗糙的光棍草

在小兴安岭的沟谷林和沼泽湿地里，遍地长满一种宛如"光棍"的野草：通体绿色，瘦长而直立，节与节之间十分明显，节间长且中空，表面有纵向的脊和沟……是否觉得很像草质版的竹子呢？但它并非竹子，而且和竹子的亲缘关系相差十万八千里。它其实是一种古老的蕨类植物，有一个古怪的中文名——木贼。东北人根据它的茎干特点，喜欢叫它"节骨草"。

木贼的属名为"*Equisetum*"，由拉丁语词汇"*equus*"和"*seta*"构成，合起来的意思是"马的刚毛"，意指木贼短细的轮生分枝像硬实的马皮毛。在英语中，木贼属植物叫作"horsetail"（意为"马尾"），如果你远观木贼类的植株造型，就能体会该俗称是多么贴切了。那么，令人一头雾水的"木贼"一词源自什么典故呢？这与古汉语中的"蟊贼"有关，食用植物根的害虫称"蟊"，食用植物节的害虫称"贼"。明代李时珍在《本草纲目》中描述了一种植物，称"此草有节，面糙涩。治木骨者，用之磋擦则光净，犹云木之贼也。"

* 物种资料：

木贼 *Equisetum hyemale*
木贼目 Equisetales
木贼科 Equisetaceae

* 识别要点：

大型蕨类。根茎横走或直立，黑棕色，节和根有黄棕色长毛。地上枝多年生，绿色，高可达1米，枝上具脊16～22条，节间长5～8厘米，节间连接处黑棕色。顶端淡棕色，膜质，芒状，下部黑棕色，基部的背面有3条纵棱。

* 国内分布：

中国东部、北部、中部和西部。

这句话的意思是说，这种草本植物身体表面粗糙，可用来打磨木材，使木材光亮，这种草就好像啃食木之节的害虫一样，所以叫作“木贼”。

竹子属于被子植物，能够开花结果；而木贼作为蕨类植物，在生物进化的过程中远比竹子原始。它无花、无果且无种子，这类植物依靠孢子繁殖后代。孢子脱离亲本后发育成新个体，所以蕨类植物和同样依靠孢子进行繁殖的苔藓植物，被统称为“孢子植物”。与之相对的，是通过种子繁衍后代的裸子植物和被子植物，被统称为“种子植物”。

这样古怪的木贼，谁见了都会过目不忘，再见仍旧认识吧？虽然它的中文名难登大雅之堂，但木贼留给人的印象却是快乐而温暖的。小孩子可以拿它玩猜谜游戏：取一根长长的木贼茎干，从某个节处轻轻一掰，“光棍”就断成了两根，再插起立马恢复原样。拿着这样的“光棍”竖立着给小伙伴们看，让他们猜猜木贼断开的是哪一节，猜错的小伙伴可要受到惩罚哟。

木贼属于木贼目，木贼目植物存活至今的仅有木贼科的木贼属，目前已知的木贼属有 15 种植物。现存的木贼类是名副其实的活化石，它的祖先在 3.6 亿年前（晚泥盆纪）就出现在地球上了，到 3 亿年前（石炭纪）其物种多样性达到最高峰。后来木贼类在赤道低地泥炭沼泽生态系统中，形成类似竹子般能快速生长的木本植物，最高可达 20 余米。在种子植物称霸地球之前，它曾经是“不可一世”的植物类群，所以今天我们常在富含煤炭的地层中发现木贼类祖先的残体。经过二叠纪末的生物大灭绝和漫长的演化岁月，它们的后代只剩下木贼属一支了。在美洲的墨西哥，还有一种木贼可以长到 6 米多高，多少呈现了它们祖先曾经的辉煌。

木贼属中，木贼、问荆和节节草等是著名的中药。现代研究表明，问荆、溪木贼和林木贼等还可以作为勘测金矿的指示植物，因为它们体内通常会积累较高含量的砷，而砷往往与金相伴相生。

撰文＊陈莹婷　审阅专家＊冯富娟　摄影＊刘　冰

II［040］

臭菘：沼泽湿地的“爱情旅馆”

* 物种资料：

臭菘 *Symplocarpus renifolius*
泽泻目 Alismatales
天南星科 Araceae

* 识别要点：

根茎粗壮，粗达7厘米。叶基生，叶柄长10～20厘米；叶片大，长20～40厘米，宽15～35厘米，先端渐狭或钝圆。佛焰苞暗青紫色，外面饰以青紫色线纹。肉穗花序青紫色。花期为5～6月。全草有毒，牛马不食。

* 国内分布：

黑龙江。

早春时节，位于伊春的友好国家级自然保护区中的冰雪消融，雪水渐渐湿润了冻得僵硬的林间沼泽。这里是臭菘的家，此时的它也感知到了早春的温度，开始萌动了。

自然界大多数的沼泽是湖泊“宿命”终结的产物，而在东北的大兴安岭、小兴安岭地区，这里林间沼泽的形成却和湖泊没有太大关系。在森林地区，一些较为低洼的地区因为年复一年的枯叶积累，形成了厚厚的腐殖层。腐殖层松软且极易吸水，大量的降水和表面径流被蓄积于此，使得腐殖层进一步炭化，形成缺氧、缺肥的泥炭层，让生长在上面的大型木本植物因为根系的腐烂而枯死，苔藓和草本替换了森林，形成林间沼泽。而臭菘，正是林间沼泽中繁茂的一员。

时值早春，沼泽中的冰开始消融。虽然林间沼泽没有高大树木的遮蔽，但周围的气温依然在0℃左右浮动。臭菘从厚厚的苔藓层中伸展出嫩芽，与嫩芽一起破土而出的还有紫红色的佛焰苞。天南星科的植物，大多数都有像婴儿襁褓一样的佛焰苞，有的硕大，有的厚实，还有的鲜艳无比。天南星科臭菘的佛焰苞虽然并不显眼，但其质地厚实，裹挟着臭菘的花序从潮湿冰冷的沼泽中拱出。待到整个花序全部挺立出沼泽，臭菘深紫色的佛焰苞便慢慢张开，露出嫩黄的花序。

早春的温暖也让一些食腐类的昆虫早早苏醒，它们饥饿地寻找着冰雪消融后露出的尸体作为食物。裸露而宽阔的沼泽是森林中冰雪消融最早的地带。臭菘张开了佛焰苞，在暗紫色的佛焰苞内侧，有众多产热细胞。这些细胞的内部，有一种高效氧化酶可以通过氧化旧年光合作用积攒的糖类物质而获得大量热量。这些热量积蓄在佛焰苞的内部，可以让其肉穗花序的周围获得比沼泽高出20℃的温暖环境。在这冰冷的早春，身为变温动物的昆虫们是多么渴望这样一间温暖的“暖气房”啊！于是，盛开的臭菘花序开始释放腐烂的臭味，借着佛焰苞中温暖上升的气流在沼泽附近散开。

食腐类昆虫感受到了臭菘恶臭而又温暖的诱惑，迫不及待地钻入臭菘的佛焰苞。臭菘的肉穗花序上每一个六角型小块都是一朵小花。小花的4枚雄蕊最先成熟，伸出肉质的花被片释放花粉。昆虫在佛焰苞中歇脚，等它们离开时，身上已经沾满了臭菘的花粉。雄蕊花粉释放完毕，形似小尖角的雌蕊才从花中钻出，露出柱头来接受花粉。如果此时有携带其他臭菘花粉的昆虫来享受温暖，便无意间将携带的花粉授予渴望花粉的柱头。如果说臭菘为结实而费尽心机，倒不如说臭菘开了一家早春“爱情旅馆”，既方便自己，也与人交好。

春天快要结束的时候，臭菘会长出一丛硕大又皱皱巴巴的叶子。粗大的叶柄和宽厚的叶子像极了菜市场销售的小白菜。小白菜曾名“菘”，加之臭菘花朵恶臭，才由此得名。臭菘虽以菜为名，但全株有毒而不可采食，甚至连很多植食动物也对它望而却步。臭菘这种独特而又神奇的植物，是森林发育中不可或缺的一个环节，而在我们看来，它是早春里的一道亮丽风景，可比山花，却又与众不同。

撰文＊方　杰　审阅专家＊冯富娟　摄影＊周海城

II [041]

大花杓兰：请君入瓮

大花杓兰常生于林下，东北人喜欢叫大花杓兰为"马卵子"，是因为它像刚被产出裹着胎衣的小马仔，形似马下的"卵"，又带着"下卵"时的骚臭味，显得不太体面。

这样形容大花杓兰有些偏颇，倘若在树林边缘的草丛里看到这种鲜亮的花，绝对无法将它和不体面的事物联系到一起。因此，还是用"杓兰"二字形容它更为准确："杓"者即勺，意指大花杓兰的花瓣似勺子，有内凹部分，可以承接雨水或其他物质。杓兰的唇瓣因为传粉功能的特化，已经演化成囊状，在上方有开口，口檐内翻，可以防止进入花囊的昆虫逃逸；侧边两枚花瓣捧着花囊；顶上如华盖的上萼片可为花囊遮风挡雨，而两片下萼片合生在一起像荷瓣一样托起花囊，真是精巧绝伦。

大花杓兰最精致的地方还不是花囊，而是它的花蕊。仔细观察大花杓兰花囊的开口深处，它的花蕊与其他花卉差别很大。兰科植物的柱头和雄蕊已经合生

* 物种资料：

大花杓兰 *Cypripedium macranthos*

天门冬目 Asparagales

兰科 Orchidaceae

* 识别要点：

低矮草本，植株高25～50厘米。具粗短的根状茎，茎直立。叶片椭圆形，长10～15厘米，宽6～8厘米，先端渐尖。顶生紫色、红色或粉红色的囊状花1朵，花通常有暗色脉纹。蒴果狭椭圆形，长约4厘米，无毛。花期为6～7月，果期为8～9月。

* 国内分布：

黑龙江、吉林、辽宁、内蒙古、河北、山东和台湾。

一体，被称为合蕊柱。不同兰花合蕊柱的形态也有差异。杓兰的合蕊柱变态较大，着生于顶端的柱头变得扁平内翻，它位于花囊开口的边缘，但受面却在花囊的内侧。围绕着柱头合生的 3 枚雄蕊其中 1 枚完全退化，也变得扁平如舌状。它的位置正好和柱头相反，形如一枚盾牌盖在内翻的柱头之上。这枚“盾牌”正好压住花囊开口的边缘，犹如一个指示箭头，仿佛告诉来访者：请君入瓮。

接下来，大花杓兰就是等待昆虫的造访了。为了吸引昆虫，大花杓兰在无风晴朗的天气里会散发出腥臭的味道，以吸引大体积昆虫。这些昆虫一旦从花囊入口落入花囊，便休想逃脱。空间狭窄的花囊让昆虫不安，它们嗡嗡作响，想要逃出这个意外的牢笼。大花杓兰是不会让虫子这样无厘头冲撞的。在花囊三面光滑的底部，有一面是一条长满茸毛的“路”，在“路”的两侧还有半透明可以透光的“小窗”。虫子找着光可以顺着茸毛爬到位于花囊尾部的出口，就在虫子要通过这个出口时，内翻的柱头和柱头两侧黏糊糊的雄蕊正等着它的到来。囊口尾部的出口很狭窄，个头较大的虫子需要挤出去，内翻的柱头最先掠过虫背，如果虫子之前携带有黏性的花粉团，则会擦到柱头中央的小沟上。虫子掠过柱头之后，在出口还有黏性很强的雄蕊在等待它把花粉团带走。

大花杓兰传粉功能如此精巧，可以说是植物中传粉策略较为复杂的花卉之一。因为复杂的传粉过程，大花杓兰的繁殖率并不高，但在众多林下和林缘草地的植物里，它却可以在有限的生长条件下收编特殊群类的昆虫为它专一传粉。为了弥补有性繁殖率不高的问题，大花杓兰具有相当长的寿命和较强的侧芽分化能力。于是，这种稀少而珍贵的兰花，常常成丛生长。

大花杓兰的美丽不但让昆虫迷惑，也让人类为之欢喜。因为它生长缓慢且生长条件苛刻，加之人类对林地的破坏，以及对大花杓兰的采挖，这种美丽精巧的植物已经非常少见了。

撰文＊方　杰　审阅专家＊蔡体久 金效华　摄影＊刘　冰

白头鹤：森林“修女鹤”

* 物种资料：

白头鹤 *Grus monacha*
鹤形目 Gruiformes
鹤科 Gruidae

* 识别要点：

体高挑而健壮，体长约97厘米。头颈白色，顶冠前黑而中红。体背和体腹被羽完全黑色。嘴偏绿色，脚近黑色。

* 国内分布：

黑龙江和内蒙古东部。

9月末的阳光温柔地洒落在黑龙江大地上，金黄的田垄随地势起伏，延伸着变幻的曲线……北方的地平线上，十几只大鸟排成一列，从远方缓缓振翅而来，划过湛蓝的天空，飞越红松林与白桦林，俯瞰灿烂的原野从翼下退向远方。大鸟名叫白头鹤，对它们来说，又一次迁徙季开始了。白头鹤离开小兴安岭的繁殖地，飞往松嫩平原腹地集结，准备与当地农民一起“抢收”玉米等农作物。停留一个多月之后，白头鹤继续向南，飞向长江下游越冬。

与丹顶鹤相比，知道白头鹤的人比较少。白头鹤头顶的红色裸皮隐藏在黑色额头的后缘，并不显眼。它们以纯白色的头颈为特点，搭配黑灰色的体羽，好像头戴披肩式白头巾，身穿深色长袍的修女，因此又有“修女鹤”的别称。

黑龙江省、松嫩平原的林甸地区是白头鹤迁徙季节的途经地和停歇地，而小兴安岭则是它们重要的繁殖地，俄罗斯远东地区也有白头鹤的繁殖地。在中国境内的小兴安岭繁育的白头鹤，尽管范围很小，种群也很少，却弥足珍贵。4 月上旬的小兴安岭，冰雪并未完全消融，但白头鹤已经飞回黑龙江。白头鹤选择将巢筑在森林的湿地中，不像其他鹤类选择开阔的草原湿地，林下的苔藓层与塔头湿地是白头鹤最喜欢筑巢的地方。塔头草甸会形成天然的凹凸形状，周围大量的植物茎叶，以及落叶松与赤毛杨的细枝条可用来铺垫巢内，最上面还会衬以细碎的干草——白头鹤就这样给自己和孩子们营造了一个舒服的窝。在整个孵卵的日子里，亲鹤每天都会衔来草茎，不断修缮爱巢，直至小鹤离巢。

生物在小兴安岭的森林中繁殖，食物充沛也是优势之一。森林为白头鹤提供了丰富的食物，有助于白头鹤补充能量及养育小鹤。湿地与河流中的小鱼、小虾、螺、蝌蚪、林蛙及蚯蚓等动物，都是白头鹤的佳肴；各类植物性食物，如草茎和花穗就更不用说了。笃斯越橘是生长在针阔混交林泥沼中的小灌木，结实美味的浆果，是白头鹤的最爱。

白头鹤 3 ~ 4 岁性成熟，雌雄配对后会相守终生，在越冬地都形影不离，更不用说在繁殖期了。它们夫妻合作共同繁育后代，一般是雌鹤孵卵，雄鹤警卫；但中间也会换岗，由雄鹤孵卵，让雌鹤去觅食。孵出雏鸟后，亲鹤共同喂养，轮流守护。白头鹤通常产 2 枚卵，带大 2 只幼鹤的比例相对来说比较高。在迁徙途中与越冬地，经常看见白鹤只带着 1 只当年的小鹤，几乎

没见过双亲带着2个孩子同时出现。不过，遇见白头鹤一家四口出现的概率略高一点，或许这与它们选择森林环境的护卫有关系。林中比较隐蔽，天敌中猛禽的威胁较弱，除了金雕的出现会让成鹤比较紧张外，其他如鹞、隼或雀鹰经过时，孵卵的白头鹤只用一只眼瞟着，负责巡护的雄鹤也很从容。

与著名的丹顶鹤相比，白头鹤的体型比它矮了一头还多。但白头鹤与丹顶鹤同样是国家一级保护鸟类，它们的全球数量只有9000 ~ 10000只，命运堪忧。白头鹤在国际上被列入《世界自然保护联盟濒危物种红色名录》，濒危级别定为易危。这是因为它们的栖息地（尤其是越冬地）持续遭遇侵蚀与毁坏，只剩下很小的几个区域，以至于白头鹤不得不高密度地挤在一起。这如同把所有鸡蛋放在一个篮子里，篮子的毁灭有可能是天灾，也可能是人祸，如一场瘟疫或一场大火，难以预料。

在黑龙江流域繁育后代的白头鹤，每当秋风吹起，枫叶将红，依然会遵照基因信号，带着小鹤开始遥遥千里的迁徙路。期待它们开春时能平安归来，回到小兴安岭美丽的家。

撰文＊钟　嘉　审阅专家＊郭玉民　摄影＊张少林

II［043］

长尾林鸮：林中“忍者”

谈论北方常见的猛禽时，就不能不提到长尾林鸮。它是一种遍布于欧亚大陆北部，生活在寒带、寒温带林地的中大型猫头鹰。

作为猛禽的一种，长尾林鸮体长 50 ~ 61 厘米，体重 500 ~ 1300 克，雌性比雄性略大些。与北方常见的林鸮相比，长尾林鸮的体型比灰林鸮大许多，但比乌林鸮小些，它们的外形给人的感觉也是介于灰林鸮和乌林鸮之间。如果说灰林鸮大大的眼睛和几乎“二头身”的比例，让它看起来像个可爱的小娃娃；而乌林鸮布满一圈圈环形纹的“大饼脸”上一双小得出奇的眼睛，身材硕大笨重，使其一副“老气横秋”的样子；那长尾林鸮就像个英俊、干练的青年。当它们凝神而视的时候，更有种冷酷的刺客气质。

事实上，它的确可以称得上是林中的刺客，既精于隐藏之道又极富耐心，一旦发现目标便无声无息地接近，必定一击得手。

这种“刺杀”绝技，还得从鸮形目独特的身体结

* 物种资料：

长尾林鸮 *Strix uralensis*
鸮形目 Strigiformes
鸱鸮科 Strigidae

* 识别要点：

体长约 54 厘米。眼暗色，面庞宽而呈灰色。体背深褐色，具近黑色纵纹和棕红色与白色的点状斑，两翼与尾具横斑。体腹黄灰色，具深褐色粗大纵纹，两胁横纹不明显。嘴橘黄，脚被灰色羽。

* 国内分布：

黑龙江、吉林和辽宁。

构说起。首先，它们全身的羽毛十分蓬松且柔软，其正羽的羽小枝上缺乏可以相互紧密勾连的羽小钩结构，所以每片飞羽的强度都不足，这就导致它们只能在离地面不太高的地方进行短距离缓慢飞行。但柔软的羽毛降低了飞行时产生的噪音，而正羽的边缘又有着独特的绒毛结构，可以在飞行时起到消音的作用。

有一句励志名言用在鸮形目猛禽身上也很合适——“当上帝为你关上一扇门，他同时会为你打开一扇窗”。无法长距离或高速追击猎物，但它们具有其他猛禽都无法与之相比的灵敏听觉。这得益于它们巨大的耳孔，所有的鸮形目鸟类都有着占整个头部比例非常大的听觉器官，林鸮属尤其如此，它们的耳孔在面盘下面，几乎和整个侧面盘一样长。两个耳孔并不完全一样大，在头部的分布也不完全对称，这更有利于它们通过声音进行定位。有科学家做过实验，在几乎全无光照的环境下，鸮可以仅凭听觉捕捉地面上的老鼠。

这样一位听力绝佳者，又可以成为无声无息的“刺客”，只要找个不易被察觉的地方安心潜伏下来，无论是猎物，还是天敌都很难发现其踪迹。长尾林鸮灰白中带些黑灰色纵纹的羽毛，可以让它们很好地融入东北地区苍茫的林海里。而它们也非常喜欢贴着树干站在树杈上，把自己伪装成一根树枝。除了繁殖期，长尾林鸮几乎不发出鸣叫声，可以说相当低调，观鸟爱好者和鸟类学家想要找到它们都得费好大一番功夫。

毕竟，当我们进入森林时，相当于到野生动物的家中做客，我们不愿轻易惊动它们。于是很多时候，蹲守观察是苦差事，而跟猫头鹰比耐力，我们都不是对手。尤其是冬末春初，长尾林鸮还在求偶的时候，东北森林里仍然很寒冷。尽管我们穿着厚厚的户外鞋，一动不动地蹲守一会，脚就会冻得又痒又疼，想站起来跳一跳。可是看看长尾林鸮，蹲守猎物的时候简直是不动如山，这可就多亏它们厚实的体羽了。别看它们平常看上去胖乎乎的，其实躯干都很瘦。笔者曾经给不小心被粘到粘鼠板上的灰林鸮洗过澡，它全身羽毛被打湿后，目测其体积“缩水”了2/3。它们连脚趾上都长着被羽，所以在树上站着的时候，还可以把脚缩在腹部的羽毛里。如此一来，长尾林鸮当然不怕冷了。

写这篇文章的时候，正是我们穿着棉衣和羽绒服，尽量待在房间里不愿面对户外寒风的时候。此时的长尾林鸮，正在北地的林海雪原里展开它们的隐秘行动，尽职地扮演着维持生态平衡的“刺客”角色。

撰文＊张　率　审阅专家＊彭一良　摄影＊徐永春

星鸦：收秋，和松鼠接力

* 物种资料：

星鸦 *Nucifraga caryocatactes*
雀形目 Passeriformes
鸦科 Corvidae

* 识别要点：

体长约33厘米，较壮实。体背深褐色且密布白色点状斑。臀与尾角白色，尾短。嘴黑色，浑厚而直。脚黑色。

* 国内分布：

中国东北、西北、华北、华中和西南部。

黑龙江莽莽苍苍的森林出产众多山珍，除了人们熟知的人参、貂皮和乌拉草，还盛产各种营养丰富的坚果，如红松子、榛子和山核桃等。它们不仅深受人们的喜爱，也是松鼠和星鸦的最爱。

对许多动物来说，坚果是极品美味，可是坚硬的壳却让它们望而却步。人类和松鼠都拥有尖牙利齿，咬开坚果的壳不在话下，更何况人类还为吃这类坚果发明了许多工具呢。但星鸦并没有尖牙利齿，它是如何吃到坚果的呢？星鸦自有妙招。

星鸦一生都喜欢躲在树林深处，尤其喜欢高大挺拔的针叶林。雌雄鸟轮流卧巢孵化后代，也是在高大的针叶树上完成的。星鸦不与人类亲近，叫声聒噪，只有远足登山者才会听到它的叫声。偶尔近距离观察星鸦，可能它正在啄食松子，见有人来，它会歪着头看人，一副无辜被打扰的模样。

森林就是星鸦的牧场，它像一位牧民一样，从一片森林游牧到另一片森林。星鸦拥有精确的收获时间表，在松子或榛子的壳变得坚硬之前，星鸦就聚集成群，赶在人们采摘之前开始它的盛宴。星鸦将松子从松塔中拽出来，像人们吃刚成熟的葵花子一样，轻松地啄开壳，吃掉里面鲜嫩的果肉。随着秋风呼啸而来，松子和榛子的壳也在冷风中变得坚硬起来。星鸦开始与松鼠接力，收藏这些坚果。它们把坚果藏在树洞里或埋在树根下。大雪到来，松鼠减少了活动，开始呼呼大睡的时候，星鸦悄然飞至，开始享用松鼠埋藏的那些坚果。这时候的松子和榛子冻成了脆脆的冰疙瘩，星鸦用尖尖的喙一阵猛击，就会敲破坚果的壳。对付山核桃，星鸦先将果实的柄啄断，然后任它落到树下。如果碰巧掉在石头上，摔破了壳，它就飞下树，把果实捡到树干上，一点点啄食里面的果肉；如果山核桃没有摔破，它会记住这个地方，等到山核桃的青皮腐烂且果壳变得松软之后，它再来啄开果壳，享受山核桃美味的果肉。

“长期吃坚果可以延寿”，如果这个理论需要一个代言人的话，那么星鸦就很合适。星鸦的平均寿命是8年，这在鸟类中算是高寿了。星鸦体长29～36厘米，翼展55厘米，体重50～200克，这样的身板，加上它的食物结构，也算是鸟类中的隐修养生大师了。

没有坚果的季节，星鸦怎样生活呢？星鸦不傻，虽然它最爱坚果，但到口的荤菜也不会拒绝。在黑龙江广袤的森林中，自然不会缺乏昆虫。星鸦春夏吃虫，秋冬吃果，一年四季可谓衣食无忧。

因为有了充足的食物，即使黑龙江大雪封山，星鸦也不会迁徙，它已经习惯了扒开树洞口的雪，掏出储藏的松子吃。也许这个树洞落空了，飞到另一片林子，它总会发现有一个地方储藏着坚果，供它享用。人们都说是松鼠播种了红松林，其实也应该算上星鸦的一份功劳。它和松鼠一样，埋藏种子之后也许就遗忘了，这些种子生根发芽，最后长成了参天大树。在这个过程中，星鸦像一位园丁，不断地捕食危害松树的虫子，让它健康成长。当松树结果，再来犒劳星鸦这位辛勤的园丁。

星鸦与坚果乔木形成的这种依存关系，让它在森林中活得自由自在，优哉游哉。

撰文＊陈 旭 审阅专家＊彭一良 摄影＊周海城

中华秋沙鸭：
在树洞中出生

“物以稀为贵”，全球仅存不足1000只的中华秋沙鸭，是当之无愧的“国宝”。在人们还没有开始关注它时，中华秋沙鸭已经在中华大地上生存了一千多万年。它们是第三纪冰川期后残存下来的物种，是中国特有珍稀鸟类，属于国家一级保护动物。因为数量极其稀少，中华秋沙鸭是鸭科中为数不多的濒危物种。

约有170只中华秋沙鸭在黑龙江栖息繁衍，为了保护其中最大的一个种群，人们专门建立了黑龙江碧水中华秋沙鸭国家级自然保护区。

中华秋沙鸭是一种体态优美的大型鸭类，胸白色，有别于红胸秋沙鸭；体侧具鳞状纹，有异于普通秋沙鸭。因为两胁的羽毛带有黑色鳞纹，所以人们曾将其命名为“鳞胁秋沙鸭”。后来，鸟类学家发现它们的原产地在中国，而且分布范围狭小，才将它定名为“中华秋沙鸭”。从生态角度来看，中华秋沙鸭具有较高的科研价值。它是水禽，却有树栖繁衍后代的行为（这点与鸳鸯极为相似，中华秋沙鸭也愿意与鸳鸯为伍）；

* 物种资料：

中华秋沙鸭 *Mergus squamatus*
雁形目 Anseriformes
鸭科 Anatidae

* 识别要点：

体大，长约58厘米。雄鸟头部具长而窄的嘴，近红色，其尖端具钩。黑色的头部具厚实的羽冠。体背黑色。胸白色，体侧具鳞状纹。脚红色。雌鸟色暗而多灰色。

* 国内分布：

在中国东北地区繁殖，迁徙时途经华东、华中、华南和西南地区。

它是候鸟，飞翔能力超群，在东北繁殖，在南方越冬，每年有上百只中华秋沙鸭在江西婺源集群越冬。中华秋沙鸭与其他鸭类混群时，显得卓尔不群，如果鸭类推选王者，论体量、羽色、飞行能力和生存智慧，只有赤麻鸭能与之抗衡。但赤麻鸭种群数量过于庞大，珍稀性无法与之比拟。因此鸭类王者，非中华秋沙鸭莫属。

而今，中华秋沙鸭的栖息繁殖地已呈孤岛状，破碎化严重。中国能够确认的中华秋沙鸭繁殖地只有两处：一处是吉林的长白山，另一处是黑龙江小兴安岭带岭林区的碧水保护区。经过多年的保护，每年到碧水保护区繁殖后代的中华秋沙鸭有10余对，种群数量达到了近百只。如今，碧水保护区已是中华秋沙鸭在国内最大的集中繁殖栖息地。

碧水保护区地处小兴安岭山脉的东南段，即永翠河流域的中段。这里森林茂密，大树林立，树荫笼罩下的永翠河奔腾不息。这里有能觅食的清流，有可筑巢的大树，加上少有人打扰的安全环境，中华秋沙鸭喜欢这样的家园，它们在这里无忧无虑，十分自在。

每年4月中旬，中华秋沙鸭回到碧水，在高大伟岸的杨树林里寻找天然树洞筑巢。这些树洞距地面10余米，洞内直径近30厘米，洞口直径近20厘米——这样的树巢规格，一般的林区难以满足要求。巢内垫以木屑，上面覆盖着绒羽，爱巢筑好后，中华秋沙鸭就在溪流中共浴爱河，交尾产卵。在碧水，人们发现，1只雄鸭最多拥有2位妻子。交配完成，孵化后代的事就由雌鸭独力完成。和鸳鸯一样，刚孵化出来的雏鸭就要迎接挑战：它们要从树洞里飞跃而下，坠落十余米，然后在母亲的带领下，完成生命中的第一次迁徙——从遮风避雨的树洞来到陌生的河流中生活。几乎每一只雏鸭都能完成这项挑战，小兴安岭厚厚的落叶腐殖层宛如母亲的臂弯，迎接着这些新生命的涅槃。落地后，雏鸭在睿智的母亲的带领下，借助森林的遮蔽，有惊无险地来到河流中。从此，中华秋沙鸭的生命历程，便与中国的河流息息相关了。

撰文＊陈　旭　审阅专家＊彭一良　摄影＊段文举

II［046］

黑熊：在小兴安岭冬季的树仓中酣睡

* 物种资料：

黑熊 *Ursus thibetanus*
食肉目 Carnivora
熊科 Ursidae

* 识别要点：

非常强壮的大型兽类。成年个体头体长约140厘米，重约200千克。体黑色，鼻吻部较淡，胸部有显著的"V"形斑。头粗壮，鼻吻较长。颈侧毛较长，形成明显的毛冠。前足足垫较大。足掌上的5个爪钩不能收回。

* 国内分布：

中国东北部、中部、南部和西南部。

在生物领域，冬眠是个热门的研究领域。它不仅是应对恶劣条件的生存对策，还与寿命的长短有关联。熊科动物是食肉目中，唯一能冬眠的种类。

熊科动物为大型食肉兽类，现代生存的熊类动物除大熊猫外，共4属7种，主要栖息在北半球和南美洲北部。我国有熊类2属3种，分别为棕熊属的棕熊和黑熊，马来熊属的马来熊。其中，黑熊仅分布于亚洲，又称亚洲黑熊，共分8个亚种。我国有5个亚种，即普通黑熊、长毛黑熊、西南黑熊、台湾黑熊和东北黑熊。

生活在我国小兴安岭林区的黑熊是亚洲黑熊的东北亚种，即东北黑熊。与国内其他亚种相比，东北黑熊个体较大，毛被漆黑色，长而密，冬季尤甚，颈侧毛可长达18厘米；胸斑中等大，呈"V"形，为纯白色；冬季有冬眠习性。东北黑熊主要栖息在针阔叶混交林和阔叶林中。

一年中，黑熊在不同月份或不同季节里的活动方式和特点有所差异。在小兴安岭林区，黑熊春天出蛰后，开始游荡生活。5～6月进入发情期，雄兽三五成群追逐雌兽进行交配。入秋之后，黑熊到处游荡，大量进食，储备营养，准备越冬。冬季来临，黑熊开始寻找适宜越冬的场所进入冬眠。冬眠期间，黑熊通常不吃不动，直到次年春天醒来。但若是怀孕的雌熊，则会在洞中分娩，生儿育女。

冬眠是东北黑熊适应寒冷冬季食物匮乏的策略，也是它生命周期中重要且狩猎压力最大的特殊时期。入冬后，黑熊寻觅适宜的地方筑洞，或利用天然树洞与岩洞，或在倒木之下。在小兴安岭林区，黑熊多利用大青杨、红松和椴树等的树洞作为冬眠仓。

笔者等人于2002年11月至2004年3月，在东北小兴安岭林区对黑熊冬眠仓的特征和仓址选择进行了研究。采用拉网式排查的方法，调查熊仓111个，其中树仓72个，地仓36个，明仓3个。

树仓，在当地被称为“天仓”，仓口在树干上，其通道和仓室都在树干内。树仓的大部分仓口在树干上部的树枝或树干的断面，有七八米高，这些断口是在风或闪电等自然因子的作用下形成的；其余仓口位于树干侧面，由黑熊在腐烂处用牙和爪扩大而成的。所有置仓树都有枯腐的树心，这些枯烂的树心被熊扒下，直至露出树干壁坚硬的部分，熊仓内壁布满了熊的爪痕。在仓底的枯木屑堆上有一浅坑状冬眠巢。

地仓分为三类：第一类是在树根或巨石下由黑熊挖成，仓口都有扒出来的一堆土石；第二类是在树根

内部；第三类利用自然岩洞为仓。

明仓是熊类在地面上用枝条和树叶等材料营造的鸟巢状冬眠巢，一般数量很少。正常情况下，熊类多利用树仓或地仓越冬，而不利用明仓冬眠。

早春，黑熊从冬眠中醒来。由于天气尚冷，它们在白天活动，取食白桦树的汁液。夏季林区的蚊和虻等吸血昆虫大量出现，熊就在夜间或晨昏活动觅食，白天则在通风的树荫处休息。它们也懂得惬意生活，有时会跑到有风的山口，在韧性较好的树干上乘凉。秋天，各种浆果和果实成熟，黑熊昼夜采食，忙前忙后，为冬季冬眠做好准备。

小兴安岭地区茂密的森林中生长着处于不同演替阶段的大树和老树。秋天，森林果实可为黑熊提供蛋白质和脂肪；冬季，森林又为黑熊提供可以选择的各类树仓。演替有序的森林环境是黑熊在小兴安岭生存的家园，也是人类了解生命密码的宝库。

撰文＊崔多英　审阅专家＊刘丙万　供图＊黑龙江太平沟国家级自然保护区

II［047］

梅花鹿：
与鸟结盟

黑龙江的冬季占据一年的一半时间，冬季考验着这片土地上生活的动物们，寒冷和深雪带走了很多生命，但更多动物仍然想出各种办法活了下来，机敏聪明的梅花鹿就是其中之一。

梅花鹿是东亚温带森林地区特有的标志物种，在中国东部、西伯利亚东部、日本和朝鲜半岛均有分布。它生活在山林地带，特别喜欢丘陵林缘灌木林。梅花鹿性情机警，行动敏捷，听觉和嗅觉都很发达，大部分时间结群活动。由于其四肢细长，蹄窄而尖，所以奔跑迅速，跳跃能力很强，尤其擅长攀登陡坡，可以连续大跨度地跳跃，动作轻快敏捷，姿态优美潇洒，能在灌木丛中穿梭自如。

在东北，梅花鹿的活动范围虽然很广，但也不是随处可见。即使长时间行走山间，想遇见它也并非易事。梅花鹿温驯且扑闪的大眼睛，使人类很容易对它产生好感。这种机敏的有蹄类动物在过去数百万年与老虎共同生活在同一片森林中，但从未被捕食殆尽。如何

* 物种资料：

梅花鹿 *Cervus nippon*
偶蹄目 Artiodactyla
鹿科 Cervidae

* 识别要点：

中型鹿类，体长约160厘米，肩高约85厘米。头部略圆，面部较长，眼大而圆，耳长且直立，颈部长，四肢细长，尾较短。夏季皮毛为棕黄色或栗红色，体背两旁和体侧有数行不规整的白色斑点，状似梅花。冬季体毛呈烟褐色，白斑不明显。雌鹿无角，雄鹿的角壮实而坚韧，角上通常分3或4叉。

* 国内分布：

中国黄河以北的东部地区。

在自然的重重危险及强大捕食者的注视下生存，梅花鹿有自己的一套方法。

夏季，梅花鹿红棕色的皮毛中布满白色斑点，这是可融入环境的伪装色；冬季的毛色则改为灰色，再次隐身于丛林之中。梅花鹿的听觉敏锐，能够很快判断出森林中大动物的活动方向及危险是否来临，也懂得利用鸟类的报警鸣叫声警卫。梅花鹿非常注重结盟，它常常生活在靠近人类居住的区域或在林间较密的灌丛中躲避天敌，也常在松鸦和山雀等森林鸟类停留的地方休息。尽管东北虎非常擅长隐蔽和伏击，是一等的捕食高手，但松鸦总会从高处一眼发现东北虎，并提前发出警报。仅仅几秒之间，梅花鹿就跑掉了。

由于梅花鹿听力发达，人们很难在森林中接近它或近距离观察它。但是在黑龙江地区漫长的冬季里，雪被覆盖的天数很长，很容易见到梅花鹿留下的足迹。沿着梅花鹿的足迹，科学家可以推断它们是如何寻找食物、在何处过夜、遇到威胁时是如何逃避，甚至死亡的原因。

经过漫长的冬季后，梅花鹿变得越来越瘦弱。灌木或萌生的枝条几乎被啃食殆尽，春天还没来临，这是梅花鹿一年中最艰难的时光。在晚冬，昼夜温差变大，白天融化的雪在夜间会结成薄而硬的冰雪层。冰层撑不住尖的足蹄，梅花鹿在清晨活动时，容易被薄冰层磕腿，甚至被薄冰划伤，因而无法快速移动。身体虚弱，再加上行动艰难，这个时期梅花鹿很容易成为虎等猛兽的猎物。而且这个季节也是虎豹繁育后代的哺乳期，大量的梅花鹿被捕食。

东北虎和梅花鹿的关系非常微妙。在我国东北地区，梅花鹿出没的森林往往是东北虎栖息的家园。梅花鹿种群的存续，代表着一个环境内的森林质量与食物数量；而东北虎又是维持鹿种群健康的使者，东北虎的捕食可以去除鹿种群中不健康和病弱的个体，可以控制种群数量的迅速上升，并且通过密度调节，防治有蹄类种群密度过大而导致的疾病流行。冬季黑龙江雪地上交错着虎和有蹄类的脚印，展现出一个食物链完整的世界。

目前，梅花鹿的数量及分布状况令人担忧，它已被国家列为一级保护动物。黑龙江省齐齐哈尔市拜泉县生活着目前国内野生梅花鹿东北亚种的最大种群，活跃着数百只梅花鹿。2016 年 5 月，拜泉县被中国野生动物保护协会授予“中国野生梅花鹿之乡”荣誉称号。

撰文 * 朴正吉　审阅专家 * 刘丙万　供图 * 国家林业局猫科动物研究中心

黄喉貂：我就爱吃蜂蜜

* 物种资料：

黄喉貂 *Martes flavigula*
食肉目 Carnivora
鼬科 Mustelidae

* 识别要点：

体中型偏小，体长约50厘米，尾长约45厘米，体重约2千克。身体较细长，头、尾和四肢为黑色。喉部淡黄色，体前半部淡黄色，后半部浅褐色。足较短，但粗壮。

* 国内分布：

中国东北部、中部、南部和西南部。

漫天雪花飞舞，一只紫貂跳跃在黑龙江小兴安岭的雪地上，另一只大个头的捕食者从高处一跃而下，利爪和尖牙瞬间嵌进了紫貂的腹部。一跃而下的捕食者是黄喉貂，它弹跳力惊人，一跃可达好几米；身体足有50多厘米长，加上约40厘米长的尾巴，体型显得更加庞大；毛发呈黄褐色，喉结处有一块黄色的毛，像一只戴着黄色领结的瘦猴子。

被称作“丛林杀手”的黄喉貂，人们还称其为蜜狗、看山虎、青鼬、黄貂和黄腰狸等，它完美地诠释了什么叫“适者生存”。与其他貂类独来独往的习性不尽相同，黄喉貂有时也三两成群。它还不受林型影响，从东北小兴安岭的阔叶红松林，到秦岭山地的针阔叶混交林，再到云南西双版纳的季雨林，乃至台湾、海南的高山森林，都有它的踪迹。黄喉貂不拘小节，对住的地方不挑剔，树洞、石洞都可以居住。为了更好地适应北方的寒冷气候，北方黄喉貂的体型明显比南方黄喉貂大。虽是肉食动物，但它并不挑食，荤素皆可。

各种小型动物，甚至年幼的大型动物都可以是它的盘中餐，偶尔辅以植物的果实。当食物缺乏时，黄喉貂也会吃动物的尸体，偶尔还潜入村庄偷吃家禽，是个十足的“饕餮大王”。黄喉貂看上去凶狠，吃相难看，但值得称道的是它捕鼠很厉害，因此被看作是益兽。另外，黄喉貂吃植物果实的同时，也扮演了种子搬运工的角色，使被它吃进肚子里的植物种子可以在远离母株的地方繁殖。

与饕餮的模样和凶狠的性格形成强烈反差的是，黄喉貂最爱的食物其实是蜂蜜。为了吃到蜂蜜，黄喉貂会侵害蜂群，常对养殖蜜蜂的蜂箱进行毁灭性攻击，甚至能把压在箱盖上的石块推落。它们常常先把蜂箱从架子上推倒，箱盖翻落后巢脾暴露，蜜蜂离脾，从而嚼食子脾和蜜脾。为了避免被蜇，聪明的黄喉貂只吃蜂蜜不吃蜜蜂，巧妙避开巢门，从后纱窗攻破，用爪搔动巢脾，促蜂离脾，然后抓食蜂蜜。但是它们也是有原则的“蜂蜜杀手”，一般先选大蜂群，吃完一箱后才将“矛头”转向其他蜂群。

其实，黄喉貂喜欢吃蜂蜜也是事出有因，它的所作所为都是围绕着“适貂生存”的“祖训”。在黑龙江兴安岭地区，冬季漫长，没有足够的食物怎么办呢？吃腐食是一种办法，把蜂蜜当食物则是另一种办法。因为黄喉貂特别爱吃蜂蜜，才有了“蜜狗”这样的名字，声名远播。

为了在严寒的北方生息繁衍，黄喉貂竟然还可以掌控自己的妊娠期。在黑龙江这样冬季漫长的地区，不等到春暖花开怎么可以繁衍后代？新生儿没有食物可不行，于是黄喉貂便练就了“受精卵延迟着床”的本领。哪怕受精卵已经形成，但它可以把受精卵着床的时间向后延迟1个月。这样一来，等到积雪消融之际，便有充足的食物支撑新生命的到来了。

在黄喉貂的世界里，“适者生存”是至上真理，不挑剔、凶狠、狡猾，以及各种反差都是为了在这个世界好好生存，甚至连不够完美的毛发（紫貂就因为毛发很美而被大量捕杀），也为它避免了被人类大量捕杀的命运。

撰文＊黄怀凤　审阅专家＊姜广顺　供图＊黑龙江太平沟国家级自然保护区

II [049]

北松鼠：粮仓不重复

每到秋天，在小兴安岭山脉南段，达里带岭支脉东坡的针阔叶混交林里就像炸开了锅，叽叽喳喳，你来我往，热闹非凡。没错，此时正是动物们一年一度的“红松子美食节”。这片天然的红松林吸引了野猪、星鸦和花鼠等动物的到访，当然也少不了生活在这片森林中的萌宠北松鼠。此时它的眼里只有高脂肪的红松子，为了获得松子，只能一改鼠气，拼了！

在松果成熟的初期，野猪抬头瞅了瞅青涩的果实，摇摇头走了。树栖的北松鼠近水楼台先得月，它早已按捺不住对松子的狂热，见到绿油油且充满水分的松果都会如获至宝地仔细打量一番，甚至抱起球果用锋利的门牙啃咬一番，直弄得满嘴松油才放手。在果实成熟的中后期，果翅干裂，松果容易从树上脱落。每天天刚微亮，北松鼠就不得不出来忙活了，因为一场贮存粮食的竞赛即将拉开序幕。

贪婪的北松鼠凭借能牢牢抓住树皮的钩曲爪子和能在跳跃中保持方向与平衡的蓬松尾巴，在松林间上

* 物种资料：

北松鼠 *Sciurus vulgaris*
啮齿目 Rodentia
松鼠科 Sciruidae

* 识别要点：

尾巴长而蓬松的鼠形动物，但头部吻钝，腹部浅白。体长约24厘米，尾长约18厘米。随季节改变有两种毛色：冬季皮毛背部灰色或棕色，耳尖有竖直的长毛；夏季皮毛背部黑或棕黑色，耳无毛簇。

* 国内分布：

中国西北和东北部。

蹿下跳，高效率地采集松球果。它爬上球果枝头，咬断果柄，待球果落地，又极速下树，叼着球果前往离母树较远的贮藏地。先咬掉球果鳞片，拔出种子吞入颊囊中，吞入2～5粒松子后开始贮藏。机灵的北松鼠就像个小机器人般连续运转，不断重复这一系列动作，而且贮藏点绝不重复，分散贮藏的方式可以把粮食保存得更安全。

贮藏时，北松鼠先四处观望，发现没有其他个体在附近活动，再开始用细小的前爪在地上刨洞，然后将颊囊中的种子吐出，藏在洞中，最后用腐殖土或落叶盖住。这个埋藏种子的办法表现出北松鼠具有较高的智力：如此一来，能有效防止其他动物或别的松鼠对食物的争夺，毕竟只有自己才知道藏东西的位置。可是待到来年春晓时，有些记性不好的北松鼠往往会忘记部分种子的埋藏位置，而被松鼠遗忘的种子从此获得了新生的机会，在远离母树的地方，它们将在条件成熟的时候开始发芽、成长，并开拓新的领地。红松用部分果实惠泽北松鼠，以此换来了领地的扩张，真是一笔划算的交易。

气候寒冷与食物短缺是温带地区冬季的主要环境特征。对动物而言，能否顺利越冬，成为制约这些地区动物生存和繁衍的生态瓶颈。因此在这场秋季贮粮竞赛中，北松鼠除了个体间的竞争外，还有一个强有力的对手——星鸦。有翅膀能飞翔的星鸦可轻巧便捷地落在枝条上寻找成熟球果，这是松鼠无法比拟的。而且在松鼠辛苦咬断果球，匆忙下树寻找的时间内，星鸦只需要用嘴插入球果鳞片间，迅速摆动头部，几秒钟内就去掉鳞片，拔出种子吞入舌下囊中，待吞下30 ~ 60粒后，才飞往更远的贮藏地。这个效率简直是松鼠的十余倍！真是山外有山，鼠外有鸦！北松鼠只能更加卖力地干活了。

有的北松鼠讨厌生活的艰辛，鼠心败坏，干起了偷盗的营生。它先在隐蔽处观察其他松鼠的埋藏地点，待其不备时进行偷盗。无独有偶，偷盗者的身后还有一个偷盗者——花鼠（将它称为“收集控”更为恰当）。这种把巢穴建在树根部的小型鼠类可是存粮高手，它会在地下建造大型储藏室对食物进行集中存放；而且其颊囊的储存量是北松鼠的数倍。因此只要被它盯上，就能把北松鼠埋藏的松子偷个精光。

北松鼠在秋季大作战中真是占不到上风，可是红松林提供的恩惠足以让这里的动物度过寒冬。东北富饶的林区也因动植物的互惠关系，养育着更多精彩的生灵。

撰文＊陈　尽　审阅专家＊刘丙万　摄影＊陈海龙　陈　尽

II [050]

岩栖蝮：鼠类闻风丧胆

* 物种资料：

岩栖蝮 *Gloydius saxatilis*
有鳞目 Squamata
蝰科 Viperidae

* 识别要点：

管牙类毒蛇，体短粗，体长约64厘米。头略呈三角形，与颈区分明显，头侧具颊窝，尾较短。头背密布黑褐色点和不规则条纹，贯穿眼前后的黑色眉纹较宽。体背面灰褐色，具较多深棕色横斑。

* 国内分布：

黑龙江、吉林和辽宁。

初春时节，黑龙江小兴安岭山区的积雪还未完全消融，许多鼠类的活动就已日趋频繁。一种能侦测热红外的冷血动物被唤醒了，由于气温较低，它还不能移动，但那冰冷的名字早已令鼠类闻风丧胆，它就是能控制鼠害的岩栖蝮。

随着气温回暖，岩栖蝮细长的身体蠕动起来，从冬眠的洞穴深处爬出来晒太阳。当太阳照射到它栖息的洞穴附近时，这家伙便从洞穴中爬出来，爬到石头上享受着久违的日光浴。经过长达几个月的冬眠，现在的它又渴又饿。温暖的阳光使它的体温上升，令饥饿感更加强烈。岩栖蝮开始四处活动，寻找食物。它游走于落叶层下或钻入土洞中，探查有无美味可口的食物。

岩栖蝮是一种以小型啮齿类动物（如田鼠和姬鼠等）为主食的蛇类。鼠类反应机敏，活动十分小心，岩栖蝮为了捕捉它们也是伤透了脑筋。最简单的方法是找到鼠窝，鼠的繁殖速度非常快，窝里经常会有成群的刚出生的幼鼠。这些幼鼠是岩栖蝮的美味佳肴，营养丰富，好消化，又容易取食。但发现鼠窝需要好运气，如果找不到，就只好采取“暴走”的方法去偶遇老鼠了。这对于岩栖蝮来说非常辛苦，即使途中遇到了老鼠，老鼠也会因为发现它而提前溜之大吉，常常一场空忙。经历了一次次失败，沮丧地岩栖蝮继续苦苦寻找那些粗心大意的老鼠，可是成功率并不高，于是岩栖蝮采取了节省体力的伏击方法。岩栖蝮利用眼前下方能感应热红外的“颊窝”可以判断猎物的距离，有了这个利器，它会躲在岩石的缝隙中一动不动地趴着等待老鼠经过。这一等也许是一天，也许是几天……若赶上连续阴天下雨，饥饿的伏击者也着实没什么好办法。实在太无聊了，它也会偶尔打打哈欠，动动尾巴消遣一下。

一旦有老鼠靠近，颊窝侦测到的信息会令岩栖蝮立刻警觉起来，并迅速做出判断，果断出击，成功率接近满分。岩栖蝮三角形的头部如夺命矛头，一旦咬住老鼠即刻释放毒液，待老鼠断气后便开始一口一口直接吞进肚子，再慢慢地消化这来之不易的大餐。蛇是一种新陈代谢很慢的动物，吃上一餐要消化 3 ~ 5 天才能将食物完全分解。费尽心力地吃上一餐后，岩栖蝮会找个清静的地方，美美地给自己放上一周的假。每天晒晒太阳，“放空一切”地趴在舒适的岩石上，安安静静地“思考蛇生”或“思考理想”，为下一顿大餐做好捕食准备。

岩栖蝮虽然主要以鼠类等小型动物为食，但并不意味着它对人类没有危险。这种蛇性情既害羞又易怒，如果和它狭路相逢，切记不要挑逗或试图捕捉它。一旦被它咬伤，毒液进入人体，会引起非常危险的后果。而且岩栖蝮的数量并不多，作为森林卫士的它已被列为中国的“三有”保护动物，请不要伤害这些本就生存不易的小生灵。为了自己的安全，更为了它们的生存及森林生态系统的安全。

撰文＊苏　亮　审阅专家＊赵文阁　摄影＊赵文阁

[051]

棕黑锦蛇：
吃鼠不吃蛙

在黑龙江省的铧子山上，低矮的山丁子丛生。放眼望去，红松、山楂树和山核桃树同样生机盎然。这里生活着东北地区体型最大的无毒蛇——棕黑锦蛇，有的体长可达2米，并且拥有比其他地区同类更深且黑亮的鳞片，上面遍布黄色的窄横斑纹，稳重优雅，因此被人们形象地称为“黄花松”或“东北黑蛇”。棕黑锦蛇经常游荡于低矮的山地阳坡、枯枝落叶层厚且土质潮湿疏松的洞穴中，有时也会出现在民宅附近，如堆积了几年的柴草垛的向阳处，这里阳光充足，适宜吸收能量。若是遇见它，我们也无须害怕，棕黑锦蛇和生活在这里的白条锦蛇（同为锦蛇属）一样，性情温顺，不受到威胁一般不咬人。

棕黑锦蛇是最受当地人欢迎的朋友，在它的领地范围内，农林害鼠基本都逃不过它的搜索。棕黑锦蛇通常一动不动地藏在草丛或石块的阴影下，鳞片的颜色可以很好地帮助它隐藏，骗过猎物的眼睛。捕食时，它先头朝向鼠，前半身抬起，略向后缩，做攻击状；

* 物种资料：

棕黑锦蛇 *Elaphe schrenckii*
有鳞目 Squamata
游蛇科 Colubridae

* 识别要点：

体长条形，成年蛇长约140厘米。体背面棕黑色，具黄色窄斑形成的环纹，呈不等距排列。头侧自眼前至口角有一条黑粗斑纹。

* 国内分布：

黑龙江、吉林和辽宁。

随后迅猛出击，咬住老鼠，并用身体紧紧缠绕，制止猎物挣扎。有时直至老鼠口鼻流血窒息而亡，它才松开，慢条斯理地寻找鼠的头部，开始吞食。敏捷的身手，使它的出击通常都会成功。据统计，刚出生的仔蛇一顿能吃一两只小老鼠，而成年蛇吃三四只大老鼠也没有问题，棕黑锦蛇每顿的食物重量几乎与体重相当。有时棕黑锦蛇也会爬到树上吞吃鸟和鸟蛋，因为它生活的林间鸟类众多，易于捕捉，营养丰富，和老鼠一样可以满足日常所需的能量。从生态学的角度来看，棕黑锦蛇有益于农牧业生产，它在食鼠的同时也会被其他大型食肉动物所捕食，对提高当地生态系统的丰富度和稳定性做出了重要贡献。

棕黑锦蛇大多分布在黑龙江省的小兴安岭和东部山地，这里灌木丛生，阳光明媚，食物丰富，是适合它生活的最好家园。虽然棕黑锦蛇看起来像一个冷酷的杀手，但它们却并不吞吃蛙类，是人类的好朋友。然而因其体型较大、斑纹醒目、性情温顺、肉质鲜美，以及具有经济价值的蛇皮等因素，遭到了人类的大量捕杀；加之它生存的森林受到破坏，使得棕黑锦蛇的种群数量减少。目前，棕黑锦蛇不仅被列入黑龙江省重点保护野生动物名录中，在《中国濒危动物红皮书》中也被列为濒危等级。

棕黑锦蛇的一年是忙碌的：5 月前后，它们从沉沉的冬眠中醒来；6 月，它们要趁着食物丰富的季节交配繁殖；7 月产卵，一个多月后仔蛇破壳；直至 10 月，它们都可以享受大自然的美丽时光，只是不时要经受蜕皮的考验；一旦黑龙江省的气温降至 20℃以下，棕黑锦蛇就停止进食，准备冬眠了。它蜷缩在向阳且松软的草垛、枯枝落叶或石板下，不进食，不蜕皮，如假死一般，以深沉的睡眠度过漫长的冬天。年复一年，周而复始。当它们近 20 年的生命走到了尽头，美丽的生灵就此沉寂，然而生命传承的火炬并不会熄灭，一代又一代的棕黑锦蛇们延续着美妙的生命之光，与这块它们热爱的黑土地一起迎接未来的新篇章。

撰文 * 刘婉丽　审阅专家 * 赵文阁　摄影 * 韩　雷

II [052]

东北林蛙：池塘边求爱对山歌

* 物种资料：

东北林蛙 *Rana dybowskii*
无尾目 Anura
蛙科 Ranidae

* 识别要点：

体肥硕，成蛙体长约6厘米。头宽略大于头长，吻端圆钝，眼后具黑褐色三角斑。体色变异较大，多为灰褐色、深褐色和红棕色等，散布多个黑色斑点。体腹面红棕色。

* 国内分布：

黑龙江、吉林、辽宁和内蒙古东北部。

清明前后，细雨纷纷。在乌伊岭的山路上，树影憧憧，伴着细密的雨声，远处池塘里隐隐传来如母鸡鸣叫的“嘎—嘎—嘎”声，这是“田鸡”开始鸣叫了。“田鸡”是东北林蛙的别名，因其叫声与母鸡相似，由此得名。东北林蛙的外形大而粗壮，腹部有鲜红色的斑点；背部呈灰色，杂有黑斑，与土壤相近，是很好的保护色，具有良好的隐蔽性。

现在，池塘里正在举行一场狂欢：随着河水的解冻，气温刚刚达到5℃，雄蛙就离开了冬眠的汤旺河，来到精挑细选的最佳求偶地点——池塘，开始鸣叫。雄蛙们陆续聚集于此，犹如热切而激动的绅士们焦急地等待淑女们的到来。它们一展歌喉，尽情歌唱，为了生命中最为重要的繁殖仪式，展现出自身所有的优势。体型最大且鸣叫声最响亮的雄蛙站在高处，其他依次排列，不断用鸣叫声呼唤着雌蛙。雌蛙们很快闻声而至，雌雄相会后，它们寻找心仪的对象，鸣叫、追逐并相拥。当然，最受青睐的东北林蛙无论雌雄都是体型最大的，但这并不代表池塘边缘区域的雄蛙就没有机会，它们往往会提前强行截住雌蛙，竭力展现自己的优势，渐渐将雌蛙拐离集体，与之完成交配。雌蛙如果不接受雄蛙，将表现出一副僵直装死的模样。看到这架势，雄蛙会自动放弃。林蛙夫妇会将卵产在浅水中枯草、树枝或石块较多的地方。这种群体交配的方式，使最优秀的雌雄个体的优秀基因得以传承。

如果原路返回，你还会隐隐听到“咕—咕—咕”的合唱，这是比东北林蛙体型略小的黑龙江林蛙的歌声。它们与东北林蛙一样，将在寒冷的初春里完成繁殖仪式。随着气温的上升，在黑龙江生活的其他7种蛙蟾都将陆续醒来，聚集在河畔的低处，汇合在山中的水边。中华蟾蜍、花背蟾蜍和东方铃蟾的男低音，搭配与之相衬的东北雨蛙和黑斑侧褶蛙的男中音，再加入阴雨天北方狭口蛙偶尔出现的男高音，演奏出了黑龙江春天特有的生命交响乐。

完成了美好爱恋之后，筋疲力尽的东北林蛙相继离开，进入产后休眠阶段。直至食物逐渐丰富的5月，它们才会再次苏醒，并立即从汤旺河边向半山腰林木和植被茂密的地方迁徙。那里林深树茂，生长着桦树、红松和柞树等树木，气候湿热，极厚的枯枝落叶层滋生并繁衍着各种各样的昆虫，正是东北林蛙最好的“餐厅”。

说到蛙类，我们首先想到的特点是纤小的身体、可以弹出的舌头和极为优异的跳跃能力。然而，东北林蛙捕食时却几乎不跳跃，因为丰富的食物让它们无须费力跳跃，只需身体略向前倾，然后快速地伸出舌头，就可以轻松吃到美食。无论是小昆虫、蚯蚓，还是蜗牛，都逃不过它长舌的捕捉。有时，它还会用前肢“抹抹嘴”，优雅地结束“用餐”。同时，它们也会随时警戒着其他大型的蛙类、鱼、蛇、鸟和老鼠等袭击，一旦疏忽，就可能命丧黄泉。

从9月下旬开始，东北林蛙又回到了汤旺河边，在此徘徊十天左右。当冬季的气息来临，就开始准备冬眠。东北林蛙陆续来到河中石块下或水草间，头向下，四肢蜷曲，与同伴们一起进入冬眠状态，等待明年春天的到来。

由于东北林蛙具有较高的药用价值及丰富的营养，因此被人们大量捕捉；再加上生活环境受到污染，因此20世纪末，东北林蛙的数量大幅度减少。目前，东北林蛙已成为黑龙江省保护动物之一，随着人工养殖的开展和自然保护区的建立，其数量已经开始回升。然而，新的问题与挑战仍在前方等待着我们。

撰文＊刘婉丽　审阅专家＊赵文阁　摄影＊王　恒

薄翅螳螂：“吃夫”续香火

中国有两个成语与螳螂有关，一是“螳螂捕蝉，黄雀在后”，讽刺那些只顾眼前利益，不顾身后祸患的人；另一个是“螳臂挡车”，用以比喻那些自不量力的人。从这两个成语来看，螳螂好像是一种妄自尊大的傻乎乎的小虫。不过中国有一种高深莫测的拳术叫“螳螂拳”，是模仿螳螂的动作创造出来的一套拳法。施展起来闪展腾挪，收放自如，往往能出奇制胜，一招见乾坤。从这个层面上来看，螳螂又好像是一种聪明且勇敢的动物。其实，后者更接近事实，作为一种肉食性昆虫，若没有两把刷子，早就饿死了。

世界已知有2500多种螳螂，中国已知160余种，它们都是农业害虫的重要天敌。时刻都处于高度戒备状态，总举着那带刺的捕捉足，活像一位少女在做祷告，所以又被称为“祷告虫”，古希腊甚至将螳螂视为先知。

在黑龙江省有一种螳螂只有五六厘米长，雌性比雄性略大一点，因雄虫的前翅薄而透明，而被称为“薄翅螳”。

* 物种资料：

薄翅螳螂　*Mantis religiosa*
螳螂目　Mantedae
螳螂科　Mantidae

* 识别要点：

中型螳螂，体长约4.5厘米，通体绿色。前足如镰刀状，基节内侧具一深褐色斑或一外圈深褐色的白斑。中后足细长。

* 国内分布：

中国南部地区。

有时候走在山野间，可以看到在有些小树枝上黏着拇指般大小的螳螂卵鞘，呈扁圆形，沙土色，一头大一头小，整体比较柔软，像裹了一层棉袄。谁也不会留意为什么在卵的外面会裹上这层厚厚的“棉袄”呢？正是这层棉袄让卵粒可以抵御黑龙江漫长且寒冷的冬天。

虫卵在卵鞘里经历一个冬天，第二年春夏时节孵化出小螳螂。一个卵鞘里孵出的小螳螂少则 20 多只，多则 100 多只。从爬出卵鞘那一刻起，小螳螂就要自力更生，独立生活，开始新一轮的生命接力。看似简单的过程，却没有多少人知道这些小生命的出现需要以它们父母的生命作为代价！

成年螳螂的生命是短暂的，它们来到世界仿佛就是为了谈一场轰轰烈烈的恋爱，并且孕育爱情的结晶。经历了最后一次蜕皮后羽化，薄翅螳螂便具备了做父母的条件。雄螳螂会一刻不停地去寻找心仪的恋人，并与之交配。完成交配后的雌雄螳螂都已经筋疲力尽，此时雌螳螂会毫不犹豫地将雄螳螂杀死吃掉，然后扬长而去，独自寻找一处安静的树枝生育小宝宝。这就是传说中的螳螂“吃夫”现象，多么壮烈，多么凄美。

先不要急着诅咒雌螳螂的绝情，看似残忍的行为，却保证了这一物种得以繁荣昌盛。在长期的系统进化中，雌螳螂为了能让它们的下一代更加强壮，让生育过程更顺利，“吃夫”是一种最佳选择。作为一种肉食性昆虫，食物不是任何时候都是充足的，饥饿会影响卵的发育；而且保证一夫一妻还能减少遗传上的近亲问题。有专家做过试验，认为雌螳螂“吃夫”主要因为两种情况：一是饥饿；二是对环境的恐惧。它们事先将螳螂喂饱吃足，把灯光调暗，而且让螳螂自得其乐，然后用摄像机记录下求偶和交配的过程，没有发现多少“吃夫”的情况。相反，让处于中度饥饿状态（饿了 3 ~ 5 天）的雌螳螂进行交配，在交配过程中或交配之后，雌螳螂会试图吃掉配偶。对于那些处于高度饥饿状态（饿了 5 ~ 11 天）的雌螳螂，一见到雄螳螂就会扑上去抓住吃掉，根本无心交配。在野外，雌螳螂大概处于中度饥饿状态，约有 31% 的雌螳螂发生了“吃夫”行为。正因为如此，在野外发现雄螳螂的难度比雌螳螂要高。另一项研究发现，雌螳螂吃掉雄螳螂，对螳螂后代的确有益。那些吃掉了配偶的雌螳螂，其后代数目比没有吃掉配偶的要多 20%。其实雌螳螂的命运并不乐观，完成交配后，卵成熟时，雌虫会产下螵蛸，大多会在产卵后筋疲力尽而死。

撰文＊冉景丞　审阅专家＊李成德　摄影＊王　瑞

绿带翠凤蝶：降温妙招，连喝带排

* 物种资料：

绿带翠凤蝶 *Papilio maackii*
鳞翅目 Lepidoptera
凤蝶科 Papilionidae

* 识别要点：

体大型凤蝶，成虫翅展约11厘米。表面满布金绿色耀眼的鳞片。后翅正面近中部具一条翠蓝色横带，近外缘处具6个翠蓝色月形斑纹，尾突较长，具蓝色鳞片。

* 国内分布：

中国东北、华北、中部和西南部。

绿带翠凤蝶是一种翅展可达10厘米的大型蝴蝶，从东北的针叶亮叶林到云南纵横起伏的山岭中，都能看到它们美丽的身影。

早春4月，温暖的阳光融化了北方的积雪，和煦的春风唤醒了万物生灵。在树枝、树干或某个角落里，忍耐了一个冬天的蝶蛹开始了不安地扭动。随着气温逐渐上升，一般在4月底或5月初，第一批蝴蝶会破蛹而出。它刚出来的时候翅膀皱缩着，但很快就展开了。经过数小时的休息，待翅变硬成形，就可以飞到空中，成为人们眼中的花仙子了。成蝶的食谱很广，除了花蜜，还会吸食腐烂的水果，甚至吸取牲畜排泄物的汁液。

盛夏时节，绿带翠凤蝶在山中水边集群饮水，群蝶在水边嬉戏，如“泼水节”般热闹。它们不停地扇动翅膀，翅上金绿色的耀斑在阳光下闪动，翅外缘那条翠蓝色的亮带尤其引人注目。如果仔细观察，你会发现一个有趣现象：很多蝶边吸水边从腹部末端喷出水滴，如“尿尿”状。

黑龙江的夏天气温升高，没有汗腺的蝴蝶只能通过“吸水—排水”的方式降低身体的温度。不过，蝴蝶吸水不仅是为了降温，还有一个目的：它们在吸水的同时，也在摄取特定的物质，如钠和钾离子等。这些矿物质能参与合成促进雄性发育成熟的激素，是雄蝶传宗接代的重要必需品。因此在水面吸水的，绝大多数是神采奕奕的雄蝶。蝴蝶将水分经过过滤，吸收矿物质，再把多余的水分排出体外，还能顺带降温，真是一举两得。

经历一段时间的飞翔与取食，绿带翠凤蝶要完成一生中最重要的任务——繁殖！它们在空中双双飞舞，配对并且交配。之后雌蝶会寻找产卵点，北方芸香科的黄檗叶是其主要寄主之一。带有刺激性气味的黄檗叶不仅能为其趋避天敌，还可为刚孵出的虫宝宝提供充足的食物。

雌蝶产卵时会飞到叶片正面，然后弯过腹部，把卵产在叶背面，使卵不易被天敌发现。一只雌蝶能产上百粒卵，它把卵一粒一粒地分散产在多片叶片之下，这样就避免了幼虫同时孵化造成的食物紧缺。

绿带翠凤蝶幼虫刚出生时也就几毫米大，黑褐色的外表像极了落在叶片上的鸟粪，这身装束可以保护弱小的它躲避雀鸟的捕食。在蜕过数次皮后，幼虫变成了光滑圆润的绿色虫宝宝，体色与叶子非常接近。除了靠伪装保护自己，凤蝶幼虫还会在感到危险时突然扬起头部，从头后方突然翻出一个“丫”形的臭角，不仅颜色鲜艳，还能散发出阵阵臭气来吓阻天敌。

经过二三十天的成长期，绿带翠凤蝶幼虫会找到一个比较安全的地方准备化蛹。每年入秋后，最后一批幼虫陆续化蛹，失去了移动能力。较硬的蛹壳如盔甲般保护着蝶身不受蜥蜴或鸟的攻击。它们将像祖辈一样，以蛹的姿态越过漫长的寒冬，待次年春暖花开，继续在针阔叶林中绽放华丽闪亮的生命故事！

撰文＊王弋辉　审阅专家＊李成德　摄影＊柳　旭

II［055］

小豆长喙天蛾：长喙采蜜

黑龙江小兴安岭中麓南坡群山连绵，一入夏，水草日渐丰茂，连山路两边的灌木丛也变得郁郁葱葱起来。猪殃殃作为灌丛边一种不起眼的杂草，显得尤为低调。倘若在这种茜草科植物旁驻足观察，不一会就能发现一种奇妙的小精灵围绕着猪殃殃迅速地拍动着翅膀。

这种身轻如燕的小生物移动速度之快，令人无法看清它究竟是何方神圣。前一秒还在，下一秒“嗖”地就不见了，接着又“嗖”地飞回来。要么在花前短暂悬停，要么如蜜蜂般敏捷地飞来飞去，它头部前方还长有如吸管状的嘴，真是太令人惊奇了。不禁让人联想起蜂鸟！可是，仔细观察后发现，它与美洲的蜂鸟大不相同：有时可见它伸展出 6 只脚，而且头部复眼旁还有两根会上下转动的触角。那么，它到底是“谁”呢？

既然已经露出了 6 只脚的破绽，说明它是一种昆虫。然而若没有基本的昆虫学常识，很容易出现误判，因此在我国不少地方均有人拍摄到“蜂鸟”在花丛中吸取花蜜的照片，引发网友的惊呼与评论，接着各种

* 物种资料：

小豆长喙天蛾 *Macroglossum stellatarum*

鳞翅目 Lepidoptera

天蛾科 Sphingidae

* 识别要点：

翅展约 5 厘米。体暗灰褐色，胸部灰褐色，腹面白色，腹部两侧有白色及黑色斑，尾毛棕色扩散呈刷状。前翅灰褐色，具棕黑色曲线；后翅橙黄色。以成虫越冬。

* 国内分布：

黑龙江、河北、河南、山西、四川和广东等地。

不切实际的报道接踵而至。实际上，蜂鸟是美洲的特有物种，我国乃至整个亚洲都没有分布。这些人看到的“蜂鸟”，其实只是小豆长喙天蛾或同属物种而已。

这种长喙天蛾昆虫，属于蛾子的一种，和蝴蝶是近亲，因口器即喙管出奇的长而得名。飞行时，它除了比蜂鸟多出一对触角，并且翅膀上没有羽毛以外，体重、尺寸、外形、生活习性及飞行姿态都与蜂鸟很像；尤其是它在花丛中原地悬停取食花蜜的模样，这是最像蜂鸟的时刻。它将一种异国他乡的气质表现得淋漓尽致，因此又有了“蜂鸟蛾”和“蜂鸟鹰蛾”等别称。

但长喙天蛾这种形态上的相似并不能称之为拟态，这只是单纯的相似，并没有因此获得对环境生态方面的适应。倒是它自身修炼的本领才是真正的生存之道。

小豆长喙天蛾是蛾，多数蛾子喜欢昼伏夜出，可它正好颠倒：晚上休息白天外出，避开了黑龙江夜间的低温。它飞行时既能前进也能后退，如直升机一般，而且能疾速飞行，更有利于逃避天敌（如鸦雀、小鸮和柳莺等鸟类）的追捕。

最特别的是几乎为身体 1.5 倍长的虹吸式口器，这长长的喙管让它在吸取花蜜时得心应手。无论花朵是管状、杯状，还是喇叭状，它都能吃。采花不携粉，采蜜不酿蜜，小豆长喙天蛾用低成本获取最大的报酬，甚至在养育后代方面也如此。在长期适应环境的过程中，它的幼虫主要取食茜草科植物，如猪殃殃和蓬莲子等。恰巧此科植物的花朵多呈管状或小漏斗状，而长喙天蛾成虫口器中那发达喙管正好与之相适应，可以伸入其内吸取花蜜。吸取蜜后补充了体力，刚好就在植物上就近产卵；如此一来，在交配或产卵时所需的体力又可以得到及时补充。因此在山区林地生长茜草科植物的附近，更容易遇到这种奇妙精灵。

若想一睹小豆长喙天蛾的芳容，不用出门很远，在秋季的花丛中它显得非常活跃，甚至在哈尔滨市内的花丛中也常能看到它的靓影。究其原因，秋天山里多数花卉凋零，而城市中人工种植的花卉仍然繁盛，拥有良好辨色能力的小豆长喙天蛾自然飞来光顾了。

撰文＊陈　尽　审阅专家＊李成德　摄影＊陈　尽

II [056]

巨拟负蝽：
重视传宗接代的三栖昆虫

* 物种资料：

巨拟负蝽 *Appasus major*
半翅目 Hemiptera
负子蝽科 Belostomatidae

* 识别要点：

体长约3厘米，卵形，呈暗黄褐色。背面较平坦，腹面较突出。头部略钝短，向前方突出。小盾片呈正三角形，较大。前足特化为捕捉足，后足较长，为游泳足。

* 国内分布：

黑龙江。

每年7～8月，黑龙江渐渐进入雨季，大小不一的沼泽或池塘陆续星罗棋布地出现在小兴安岭低山针叶林中。暴涨的水位让很多水生昆虫欢呼雀跃——因为它们可以去寻找新的领地与食物了，巨拟负蝽就是其中的佼佼者。

这种体型约有一元硬币大小的半翅目水生蝽类，可以算得上一种“三栖昆虫”。其一，它有翅能飞，一旦池塘干涸，它可以迁往他处，不会像蝌蚪或鱼类那样坐以待毙；其二，它的后足为游泳足，在水里像潜水艇般行动自如；其三，它的前足特化为似镰刀的捕捉足，在陆地上仍然能坚定不移地爬行。拥有这三项基本技能，巨拟负蝽在沼泽生活中可谓出入自如。

这只巨拟负蝽雌虫的运气可真好，刚迁入一片雨水形成的沼泽，就遇上了黑龙江林蛙产卵。这样在接下来的日子里，它可以每天吃得饱饱的。虽然它在水里可以迅捷地捕捉蝌蚪，但它更偏好守株待兔的捕食策略，等着呆头呆脑的蝌蚪自个儿送上门来才最节省体力。只见它伏在被水淹没的植物上，三角形的脑袋虽然透露出丝丝寒意，但黄褐色的身体俨然一块脱落的树皮或枯枝漂浮物。夏季的高温让藻类异常活跃，只需一个晚上，巨拟负蝽的身体背面就覆盖上一层淡绿色。有了逼真的伪装，天敌和猎物看不到它，它就不用怕鹡鸰鸟的小尖嘴了。现在，它只需张开镰刀似的前足，静静地等待着那些不合群又喜欢四处游荡的蝌蚪了。黑夜里虽然没有光，可一旦蝌蚪游动发出的水波震动被它侦察到，“镰刀”便握得更紧了。只要蝌蚪落入巨拟负蝽的攻击范围，它便纵身一跃，抬起前足做一个前伸弯曲的动作，即可将猎物牢牢夹住，之后使用最可怕的必杀技——“死亡之吻”。只要被它吻过的猎物，不一会就停止心跳。

蝽类的口器为刺吸式，像一根针管插入物体，没有咀嚼功能。因此，如负子蝽与猎蝽等肉食性蝽类会从自身体内分泌的消化酶，通过针管状的口器注入猎物体内，待其体内物质被分解后，才吸取如汤汁般的营养液。

巨拟负蝽虽有狰狞的一面，但也有堪称楷模的一面，尤其是雄虫。

几日之后，一只巨拟负蝽雄虫恰好也迁入这片食物丰富的地域，开始贪婪地追逐掉队的蝌蚪。正当这只雄虫心里美滋滋地准备享受即将到手的猎物时，冷不丁食物被一对伸出的魔爪掠去了。受到惊吓的雄虫不由得止步正视前方，原来是同类啊，还是个“美女”！

接下来的日子，雄虫肩负起重责大任，它的背上背负着数十枚白色的卵，像拔火罐一样竖立着。原来巨拟负蝽雌雄虫交配后，为了后代的安全，雌虫会将卵产在雄虫的背上，并分泌特殊的黏液使卵不易脱落。从此，雄虫就要背着自己的后代度日了，也因此获得了“负子蝽”的头衔。雄虫为了让卵早日孵化，平日里很少捕食，多数时间浮在水面上，好让卵能接触到更多阳光，为孵化积温。因为一旦秋冬季来临，低温和食物减少，都会导致孵化的幼体发育不良。

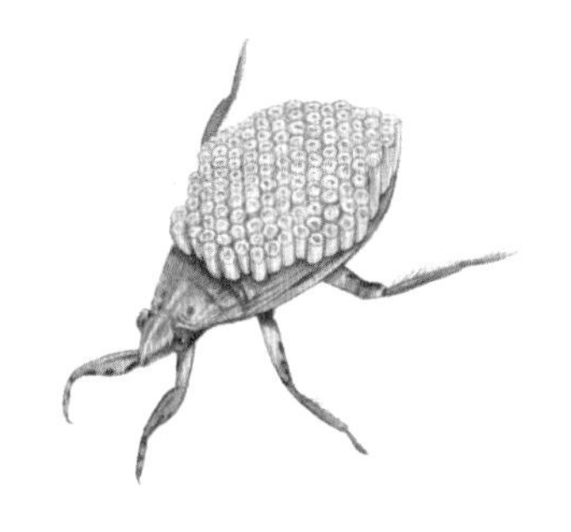

想继续传宗接代的雌虫悄然爬上岸，抖去身上的水分，趁着阳光正好，展开翅膀飞往下一片水域，或是湖泊，或是池沼，而水下凶猛的狗鱼也正在注视着水面上来往的黑影。

撰文＊陈　尽　审阅专家＊李成德　绘图＊李小东

[057]

古北短丝蜉：水质指示器

古北短丝蜉隶属蜉蝣目短丝蜉科，在黑龙江省伊春市乌伊岭永胜河、铁力市朗乡镇巴兰河及尚志市苇河玉林林场都有采到其标本。至今，我国仅发现 2 属 7 种短丝蜉科昆虫。其实，人类对古北短丝蜉的了解并不多，仅已知分布在我国东北地区、俄罗斯远东地区和韩国。

古北短丝蜉是重要的水生昆虫之一，蜉蝣目昆虫的幼虫生活在清洁的溪流中，对水质敏感，是很好的水质状况指示生物。水环境和水生生物受气候变化和人类活动的影响很大，它们往往是首当其冲的受害者。近年来，随着北方沙漠化和水资源短缺的加剧，很多地区的水系状况已面目全非。一些大型水调工程的启动，对北方地区的水资源和水生生物的冲击很大。例如，由于古北短丝蜉不善飞行，导致部分地区的种类可能被长江水系的种类替代。这也是人类盲目更改水系给其带来的灾难，所以在人类改变自然时，一定要考虑到生活在大自然母亲怀抱中的这些精灵。

* 物种资料：

古北短丝蜉 *Siphlonurus palearcticus*
蜉蝣目 Ephemeroptera
短丝蜉科 Siphlonuridae

* 识别要点：

成虫体微小，长约 1.5 厘米。虫体暗褐色。前足色暗，中后足色淡。前翅翅脉密集，后翅翅脉稀疏，大小不及前翅的一半。腹末端具两根尾丝，约为体长的 1.5 倍。

* 国内分布：

黑龙江。

古北短丝蜉是现存有翅昆虫中比较原始的类群，具有许多原始特征，被认为是现存的一类活化石。例如，古北短丝蜉的成虫和幼虫具有较多的附肢、原变态和脉相等一系列原始特征，除了触角、口器、足和翅外，古北短丝蜉还具有另外一些附肢，如幼虫的7对鳃、成虫的尾铗及腹末长而分节的两根尾须。这两根长长的尾须之所以能在长期进化中保留下来，是因为它们可以帮助短丝蜉在飞行过程中保持平衡。

因为属于原变态昆虫，其幼虫、亚成虫及成虫的外形差别很大，而生活环境不同，又造成不同的亚成虫期。也就是不同于其他有翅类昆虫，古北短丝蜉的亚成虫与成虫都具有翅和飞行能力，从亚成虫到成虫还要经历一次蜕皮。古北短丝蜉的亚成虫期被认为是成虫期两次或多次蜕皮的证据，之所以能被保留下来，是因为古北短丝蜉的翅的发育完全和外生殖器的成熟是不同步的，即最后一次蜕皮将使外生殖器发育成熟。换句话说，这时它们就可以去找心爱的“姑娘”或“小伙”成亲了。可惜成亲后，雄虫还没来得及看它们的宝宝一眼就死去了；

雌虫生完宝宝后也来不及抚育它的孩子，也悄悄地死去了。因而，蜉蝣又有“朝生暮死”一说，但它们并不是真的死亡，而是用自己的身躯填饱了其他水生动物的肚子。

黑龙江省境范围内河流众多，水系发达，主要河流有嫩江、黑龙江、松花江、乌苏里江和绥芬河等；主要湖泊有兴凯湖、镜泊湖、五大连池等6000多个湖泊。发达且纯净无污染的水系是古老的昆虫类群——古北短丝蜉的避难所或生存乐园。可能你想说，中国其他省份也有发达的水系呀，为什么古北短丝蜉选择生活在东北地区？想一想东北地区还有哪些特点呢？对，寒冷！寒冷而流速缓慢的水域是古北短丝蜉的最爱。要想留住古北短丝蜉这个活化石，除了要给它一片纯净的水源，也要努力遏制全球变暖啊！

撰文＊王野影　审阅专家＊李成德　绘图＊李小东

蜱虫：“谈蜱色变”

* 物种资料：

全沟硬蜱 *Ixodes persulcatus*
蜱螨目 Acarina
硬蜱科 Ixodidae

* 识别要点：

体微小，成虫体长约0.5厘米。头胸腹愈合成袋状体躯，体躯无毛或短毛。无触角，无翅，成虫有足4对，幼虫3对足。口器前方伸出，被称为“假头”。宿主为家畜和野生动物，包括食肉类和啮齿类动物，也危害人类。

* 国内分布：

黑龙江、吉林、辽宁及新疆。

每年春天，东北林业大学林科的学生都要注射预防森林脑炎的疫苗，因为几个月后他们要拜访的东北林区中分布着一种令人毛骨悚然的蜱虫，可令人致命的嗜血性蛛形动物——全沟硬蜱，俗称“草爬子”。

每年到了4月，黑龙江小兴安岭温带针阔叶混交林才真正迎来春天。冰冻的大地渐渐苏醒，万物生长，各种野生兽类异常活跃，大范围地寻找食物。树上跳跃的松鼠唤醒了树皮下一只越冬的硬蜱。芝麻粒大小、扁平较硬且没有视觉系统的它伸展开较长前足。前足好似它的“盲杖”，每行走一步它都用前足仔细打量一番。前足端部背缘有一个能仔细捕捉空气中味道的“哈氏器”，这个精密的嗅觉器官让硬蜱对动物的体味和二氧化碳很敏感，当它与宿主相距15米时即可感知。一股美味的气息让硬蜱原本懒惰的神情为之振奋，饥饿感也愈加强烈，迫使它拖着椭圆形、近袋子状的身体慢慢地爬到树皮表面守株待兔。

一连等了几天都没有猎物从硬蜱前经过，那只唤醒它的松鼠也许前往其他地方寻找自己埋藏的种子了。“哈氏器”如探测仪般让硬蜱寻找到新的伏击地点——低矮灌木丛上的叶片尖，那里有兽的腥味。

还好硬蜱的8只脚尖处都长有如攀冰鞋似的钩爪，虽经过一番周折，它终于顺当地来到了叶尖，可不知有多少硬蜱在寻找伏击点的途中，被雀鸟啄食或被猎蝽取食了。伏击位置选好后，硬蜱施展绝技的时候到了。它将一对前足高高举起，偶尔会上下摆动，它在漆黑的世界里心平气和地等待着猎物上钩。

一只狍子觅食时不经意间经过这片静谧的灌木丛，这时的硬蜱像喝了酒般异常兴奋，前足摆动的频率更快了，似乎在精确计算自己与兽类的距离。可不一会儿，硬蜱像垂头丧气般将前足放下，原来狍子幸运地调头走了。经过数次失败后，忍耐力超强的硬蜱终于等来了它一辈子都吃不完的食物——野猪。

不走寻常路的野猪小群爱钻进灌木中觅食，这蹭蹭，那蹭蹭，每经过一处都搞得一片狼藉。在叶尖潜伏的硬蜱轻而易举地钩住了野猪身上的毛，继而附着在宿主的毛发中。待野猪午间卧地睡觉时，硬蜱蹑手蹑脚地爬到野猪耳后皮肤浅薄处，用长杆状且似头部的螯肢轻而细微地切割起来。螯肢末端的锯齿相当锋利，使得宿主完全觉察不出痛感。当锯出一个小口后，硬蜱露出狰狞的一幕：它将整个“假头”扎进皮内，继而深入到细胞组织层，贪婪地吸起血来。

硬蜱螯肢腹面隐藏着一个口下板的结构，与螯肢合拢形成口腔，腹面有成纵列的逆齿，如倒钩，一旦扎入则难以取出。口下板为吸血时穿刺与附着的重要器官。野猪有刺痛感，去挠耳后却无法将其去除，只能活生生地让硬蜱吸个够，吸饱血的蜱身体胀大至几十倍后会自行脱落到地上。

对野猪而言，给渺小的硬蜱喝点血也无大碍，但蜱体内含有多种疾病的病原体，如森林脑炎病毒才是对宿主真正的致命威胁。病原体在蜱体内不但有生物性的发育循环，而且在多数情况下可以经卵传至后代。由于全沟硬蜱在幼虫、若虫和成虫期更换宿主，被称为“三宿主蜱”，它在成虫期间可以把一些兽类或牲畜的疾病传给人，如森林脑炎。叮咬人后，硬蜱留下的毒素会侵染人的末梢血中性粒细胞，引起皮肤发炎、发热，伴白细胞与血小板减少及多脏器功能损害，甚至导致死亡。因此，在林区从事林业工作的人常会谈蜱色变。但随着医学技术的发展和卫生条件的改善，人们对生活在原始森林深处蜱虫的印象渐渐变淡，它与人类不过是萍水相逢。

撰文＊陈　尽　审阅专家＊李成德　摄影＊汪　阆

黑龙江茴鱼：不爱江河爱溪流

4月中旬，在我国北部的黑龙江山区，一缕阳光透过针叶林的缝隙，为大地送上今年第一份温暖。春风拥抱着这份暖意，抚慰着皑皑积雪。冰雪融化的滴滴甘露汇集成泉，缓慢地向最近的小溪流去，春天正悄无声息地在这片土地上蔓延。黑龙江山区的溪流接受了冰雪的馈赠，开始变得更有活力。在溪水中熬过了一个冬天的各种动植物逐渐苏醒，或萌发，或索饵，或为终身大事而忙碌。在这热闹非凡之际，一群群20多厘米长的黑影结伴穿行于清澈高氧的溪流中，它们就是神秘的黑龙江茴鱼。当地人称其为斑樽子（板撑子）、旗鱼或小红线。

黑龙江茴鱼全年生活在水温不超过15℃的溪流中，山区的溪流是茴鱼的绝佳生存环境。对水质的挑剔，对水温的严格限制，使得黑龙江茴鱼分布范围狭窄，很少为人们所知。今年春天来得迅速，冰雪融化的味道提醒它们一年一度的重要时刻就要到了。刚刚赶来的雄茴鱼们心思并不在食物上，它们撑开带有靓丽紫

* 物种资料：

黑龙江茴鱼 *Thymallus arcticus grubii*

鲑形目 Salmoniformes

鲑科 Salmonidae

* 识别要点：

小型鱼类，重约0.4千克。体长形，侧扁，侧线平直。背鳍高大，上缘圆凸，似旗帜状。脂鳍很小，位于臀鳍起点之后上方。尾鳍深叉形。背部深紫色，体侧淡黄色。成鱼体侧有较多的斑点。

* 国内分布：

黑龙江。

红色的鱼鳍，特别是点缀着赤褐色花纹，像旗帜般的背鳍，扭动着具有红色斑点的身躯，在鱼群中来回寻找做好准备的雌鱼。一旦两条鱼都看中了对方，它们便离开鱼群，来到布满鹅卵石的溪流湍急处。雌雄两条鱼将身体紧紧靠在一起，高速地同步扭动身体，将石块搅动起来，同时产卵受精。受精卵会黏附在鹅卵石上，静静地在富含氧气的溪流中等待发育。

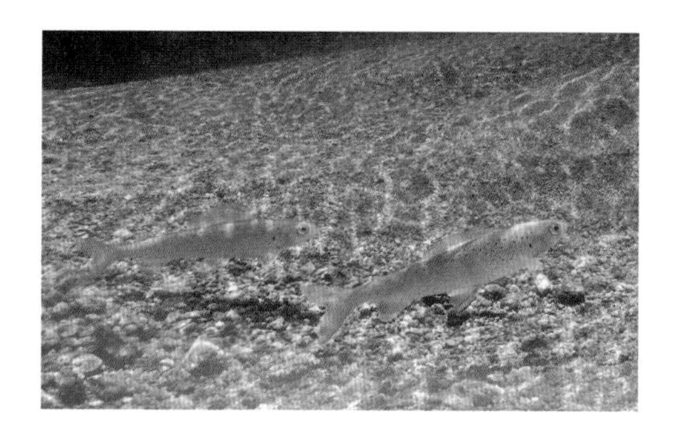

经过约一个月的时间，小茴鱼终于孵化出来。它们的外形虽然和爸爸妈妈一样，但是脑袋更圆，眼睛更大，身穿靓丽的条纹装。新生的小茴鱼胃口很大，它们每天忙碌地在石缝中搜寻水生昆虫和蠕虫。小鱼的体型增长很快，这些食物很快就难以满足它们的需求了。不过没关系，大自然为它们准备了季节性大餐。初夏的夜晚，小茴鱼们汇集成群，在靠近水面的水流中等待着，灵活的双眼透过微弱的月光，紧盯着水面上无数婚飞的昆虫，中途有些体力不支的家伙会一头扎在水面上。溪水还没来得及冲走这些倒霉蛋，小茴鱼们就争先恐后地将它们吞入腹中。

9月底的一天，当太阳落下山头，风

中带来了一丝凉意。阔叶林开始窸窸窣窣地褪去秋装，准备迎接冬天的来临。溪流中的水量也在慢慢减退，寒冰开始占据浅滩，很多深水区的水位也开始直线下降。经过一个夏天的疯狂进食，小茴鱼的个子虽然不及父母，但是已经褪去条纹装，能够跟上父母的步伐了。在某个特别的日子中，它们十几条汇集成群，离开了自己的出生地，开始向溪流的下游迁徙。它们不会进入江河，而是停靠在山间溪流下游的广阔深水区。冬天这里的水不会结冰，小茴鱼将在这里继续索饵，茁壮成长，等待来年和父母一同返回它们出生的地方。

由于黑龙江茴鱼肉质鲜美，大量野生黑龙江茴鱼遭到人们的捕杀。虽然相关人工养殖技术已经开展，但饲料等养殖成本居高不下，野外种群数量一直处于下降状态，现在黑龙江茴鱼已被列入易危物种。

撰文＊崔世辰　审阅专家＊赵文阁　摄影＊张　强

II [060]

猴头：损木利己

* 物种资料：

猴头菇 *Hericium erinaceus*
红菇目 Russulales
猴头菌科 Hericiaceae

* 识别要点：

大型真菌，黄白色。子实体由许多粗短分枝组成，分枝极度肥厚而短缩，互相融合，呈花椰菜状，仅中间有一小空隙，整体呈一大肉块，直径一般为5～20厘米，基部狭窄，上部膨大，布满针状肉刺。

* 国内分布：

黑龙江、吉林等地。

猴头，顾名思义，它的外形一定酷似猴子的脑袋。不过猴头既不是动物，也不是植物，而是一种大型真菌。它的子实体呈半圆形或球形，布满了毛状的菌刺，新鲜时呈白色，干后变成黄褐色，也有点像刺猬，因此“刺猬菇”“猴头菇”和“猴头菌”说的都是它。

猴头自古以来就受到人们的追捧，相传在3000多年前的商代，人们便开始采猴头而食。猴头肉质软嫩、香醇且数量稀少，是难得的珍馐，它与熊掌、海参、鱼翅同列为中国四大名菜。据《本草纲目》记载，猴头有利五脏和助消化之功。在现代，猴头类的药物已经广泛应用于治疗胃溃疡和胃炎等疾病。

野生的猴头只生长在深山老林里，因为它们喜欢低温、弱光、潮湿且通风的环境，而东北的大兴安岭、小兴安岭可以满足它的一切要求。现在，我们已经掌握了猴头的培养技术，可以在控温和控湿的培养室里大批量地培育出猴头了。“山珍海味”里的山珍，不再只是王公贵族的专属食品。

别看猴头在培养室里温柔而娇贵，它在自然界中，其实是一种侵染性的病害，能够造成林木感病、腐烂，甚至整株死亡。猴头可以过腐生的生活，但在自然界中，它往往以散播孢子的方式主动侵染受伤的活木，壳斗科和胡桃科等阔叶树种都是它钟爱的对象。当然，树木也不会坐以待毙，在长期的进化过程中，植物产生了不同的组织结构来抵御病原菌：粗壮的枝干外有坚韧的树皮，细枝和树叶表面则有一层蜡质或浓密的茸毛，隔水又隔菌，会形成全方位的屏障；就像我们全身有皮肤和黏膜的保护一样。通常植物都能在这层防御下健康成长，但生活总是无法预测的，风折、雪压、虫蛀或鸟啄都会给植物造成一定的伤害。防御工事一旦出现漏洞，就给了猴头可乘之机。它们的孢子飘散在伤口缝隙处，在适宜的条件下萌发成菌丝，于是入侵就开始了。

面对猴头的挑衅，树木还有第二道防御——生化抗性。植物能够分泌许多具有杀菌或抑菌作用的活性物质，如生物碱、萜类和酚类等，这是给入侵者预备的一份“大礼”。菌丝定植后也会分泌出酶和其他物质，继续破坏植物组织，吸取营养物质，双方开始了“生化武器”的较量。这场战争势均力敌，胜负受多方面因素的影响，如树木的受伤程度、环境条件（主要是温度和湿度）是否有利于菌丝生长及侵入伤口的孢子数量等。

如果猴头占据了上风，它的菌丝就会深入树干，

把整棵树当作自己的大本营，默默汲取营养。随后，在某个凉爽的秋天，菌丝开始好奇外面的世界，于是长出了树干。先是扭结成一个小白点，然后慢慢变大、变圆，表面也渐渐出现了毛刺，一个标准的猴头就这样出世了。每一根毛刺上都密布着肉眼看不见的孢子，等待着微风吹起，送它们前往下一个目的地。

撰文＊王世新　审阅专家＊邹　莉　摄影＊蔡体久

*

*

[松嫩·三江平原 / 塔头鹤舞
（松嫩平原、三江平原）]

II［061］

兴凯湖松：赤松为母，樟子松为父

冬天的黑龙江像一首纯净而震撼的冰雪之歌，这里的绝大多数植物早早褪去绿色，用冰雪来装饰它们的枝条。兴凯湖松则“桀骜独行”，银中裹绿，屹立于峭壁之上，为严冬带来了生机和活力。

听它的名字，不难猜出它的家乡是素有“东方夏威夷”美誉的兴凯湖。兴凯湖具有世界少有的集湖泊、湿地、森林和草原于一体的生态系统，野生动植物资源极为丰富。兴凯湖松为兴凯湖特有树种，国家二级保护植物，也叫兴凯赤松，它是大自然经过选择、淘汰后而产生的抗逆性极强的、适合荒地造林的一个先锋树种，具有极高的生态保护价值和经济价值。

植物学家们一直在帮兴凯湖松寻找“家人”，经过多年努力，大多数学者认为，它的“母亲”是赤松，“父亲”是樟子松。它遗传了“双亲”的优良特性，同时也进化出了自己的特点。它像“双亲”一样具有很强的抗寒能力，温度低至 -40℃时都未见冻害。叶子呈针形，2 针一束，以减小蒸腾面积；叶片两面均有气

* 物种资料：

兴凯赤松 *Pinus densiflora* var. *ussuriensis*

松目 Pinales

松科 Pinaceae

* 识别要点：

乔木，高可达 20 米。树皮红褐色或黄褐色，树干上部的皮呈淡褐黄色。针叶 2 针一束，长 5～10 厘米，边缘有细锯齿。球果长卵圆形或椭圆状卵圆形，长 4～5 厘米，径 2～3 厘米，熟时淡黄褐色或淡褐色。种子微小，倒卵圆形，微扁，淡褐色有黑色斑纹，连翅长约 1.5 厘米。花期为 5～6 月，球果于次年 9～10 月成熟。

* 国内分布：

黑龙江。

孔线，气孔下陷；表皮细胞壁厚并强烈木质化，外壁覆盖着很厚的角质层。这些特征有利于兴凯湖松减少蒸腾，而叶肉细胞壁具有无数褶皱，叶绿素沿褶皱分布，从而扩大了光合作用的面积；具有凯氏带结构，犹如生理阀门一样，控制着营养物质和水分进入维管柱。它继承了“母亲”优美的姿态，树冠圆锥形，舒展开阔，同时还具有“父亲”对贫瘠土壤的耐性及抗风的特性，可生长于岩石峭壁间。这使得树形婀娜的兴凯湖松，好似黄山的“迎客松”，具有很高的观赏价值。兴凯湖松抗旱能力极强，树苗一个月不浇水仍然能正常生长。它的防护功能强大，群落稳定，生长速度较快，天然更新良好，具有涵养水源、防风固沙和防止水土流失的森林框架结构，在维持和改善生态环境方面占有举足轻重的地位，是岩石裸露荒山和土壤瘠薄地段造林的优选树种。

在兴凯湖松的脚下，生长着一种珍稀名贵的食用菌——松茸。兴凯湖松与松茸相互依存，互惠互利。松茸的菌丝体在兴凯湖松根表蔓延形成菌丝套，保护着它的根系，增强它的新陈代谢与免疫能力，改善土壤的理化性质，增强土壤的透气性，提高根内化合物的可得性与有效性，促进其生长。同时，兴凯赤松的菌根形成影响着松茸菌丝的生长和发育，子实体的形成也无法离开与兴凯湖松的共生环境。

目前，在自然或人为干扰的影响下，兴凯湖松种质（指生物体亲代传递给子代的遗传物质）的存量资源锐减，正处于濒临灭绝边缘。我们不要再向孤独迈进一步了，行动起来吧，保护好这位大自然缔造的美丽而坚强的“绿之使者”。

撰文＊张欣欣　审阅专家＊穆立蔷　摄影＊周　繇

块根糙苏：假装有毒刺

* 物种资料：

块根糙苏 *Phlomoides tuberosa*
唇形目 Lamiales
唇形科 Lamiaceae

* 识别要点：

多年生草本，高40～150厘米。茎具分枝，紫紫红色或绿色。基生叶三角形，长约13厘米，宽约9厘米，先端钝，基部深心形，边缘为不整齐的粗圆齿状。轮伞花序多数，3～10个生于主茎与分枝上，彼此分离，多花密集。花紫红色，喇叭形。花期与果期为7～9月。

* 国内分布：

黑龙江、内蒙古和新疆。

七八月间，黑龙江安达市附近的草甸上野花盛开，粉紫色与亮黄色的小花明快地镶嵌在万顷绿草间。块根糙苏是这湿润草甸的野花明星，在天苍苍野茫茫的草甸上，块根糙苏粉紫色的成串小花俯首皆是。

块根糙苏是唇形科植物的一员，名字中的“块根”是形容它肥硕的须根。在寒冷的高纬度草原地区，这些贮存养分的肥大块根是块根糙苏度过漫长冬季的能量来源。块根糙苏并非早春开花植物，春天百草生发之际，它从泥土中苏醒，伴随着草甸上众多的草本植物，块根糙苏长出成丛肥美嫩绿的叶片。草甸是草本植物的圣土，也是众多食草动物的食堂。为了避免食草动物的啃食，块根糙苏在营养生长过程中演化出了独特的形态，它惟妙惟肖地模仿草甸上另一种令食草动物惧怕的植物——荨麻。荨麻是一种具有有毒刺细胞的植物，触碰荨麻会被其毒刺蜇中，从而引起火热的疼痛感。食草动物非常惧怕荨麻的毒刺，而块根糙苏使其叶片生长的形态模仿荨麻，虽然它并没有毒刺防身，但对于一朝被蛇咬，十年怕井绳的食草动物来说，块根糙苏也变成了需要回避的对象。

夏末初秋的凉爽气候来袭，块根糙苏结束了营养生长，长出了高高的茎，准备开花。作为非常典型的唇形科植物，它绽放的粉紫色小花是由5片花瓣联合形成的筒状花冠。在花冠前端，裂片形成了犹如嘴唇的上下两部分，两枚裂片向上形成上唇，而3枚裂片向下形成下唇。块根糙苏的上唇高高隆起，像一副头盔一样保护着雄蕊，从内向外，边缘着生着长长的髯毛。下唇平展得像一面平铺的旗帜，招摇着展示进入花管的通路。造访块根糙苏小花的昆虫大多是蜂类，它们对着下唇迎面飞来，踏着下唇片这个方便的垫脚探进花管。蜂儿们知道花管的底部有香甜的花蜜款待它们，于是便使劲向深处钻。趁蜂儿们用力钻的时候，成束躲藏在上唇中的雄蕊便顺势把花粉点在蜂儿身上。块根糙苏的雌蕊也与雄蕊一起躲在上唇的盔下，只是雌雄蕊成熟的时间有差异，从而保证了不会在昆虫拜访的时候会错沾了自己花朵的花粉。

块根糙苏为了单朵花传粉成功，演化出精巧的形态。为了增加未来种子的数量，块根糙苏也合理地安排每一朵花的位置。块根糙苏的花虽小，但在花枝顶端的聚伞花序的每一节上，都围坐着众多小花；而每一枝开花的茎上，都有五六朵花自下而上盛开。因此蜂儿从四面八方飞来，都能很方便地找到与自己方向对应的小花。仔细观察每个茎节，两三层小花成圈次第开放，这样轮生的花朵，让原本微小的花朵仿佛变成了“一朵”靓丽的“大花”，更便于昆虫在远处发现这些盛开的花朵。

块根糙苏从东亚到北欧均有分布。在欧洲，人们很喜欢它像宝塔一样层层递进的花序，因而将它驯化成美丽的园艺植物，栽培在岩石花园里。在亚洲，它小而艳紫的花朵虽然不符合东方审美，但在当地传统医学中，一直将它作为医治疾病的草药。

撰文＊方　杰　审阅专家＊陈祥伟　摄影＊刘　冰

黄壶藓：一臭成名

如果漫步于黑龙江三江平原和松嫩平原地带，沿着蛇曲的河流穿越沼泽边缘，你有很大的机会看见一些让人啧啧称奇的植物，黄壶藓就是其中之一。

黄壶藓是一种苔藓。它和许多常见的花草不同，黄壶藓没有用于支撑身体及输导水分和营养物质的“骨架结构或管道”——维管组织，而是直接通过植株吸收水分和养料。正因为如此，黄壶藓没法长成大个子，它的植株细细的，高度不超过一节食指，很容易被附近的草丛掩盖。其实即使没有被覆盖，若不是特意寻找，人们也几乎不会注意到脚下的黄壶藓。

有意思的是，黄壶藓对生长的地点非常挑剔，不过它喜欢的并非是人们眼中的“优越”环境，而是专门挑选生长在动物的粪便上。这些让我们避而远之的动物排泄物富含氮元素，而氮元素正是黄壶藓生长所需的重要元素。此外，黄壶藓还喜欢湿润而寒冷的环境，往往只有在沼泽地中才能见到它的身影。想象一幅奇特的景象：在一望无际的沼泽地带中，一些动物粪便上

* 物种资料：

黄壶藓 *Splachnum luteum*
壶藓目 Splachnales
壶藓科 Splachnaceae

* 识别要点：

体形细小，柔弱，散生。茎直立。叶阔倒卵形，基部狭窄，先端具短尖或长尖。蒴柄直立，细长，孢子体顶生，孢蒴台部膨大，似小蘑菇形，蒴壶短柱形，成熟时棕红色。

* 国内分布：

黑龙江。

生长着一丛丛形似蘑菇的美丽的黄壶藓。

动物的粪便通常东一坨西一坨，零零散散的，那黄壶藓是怎样从一处粪便扩散到另一处的呢？

其实这种微小的植物会变戏法。每年到了繁殖季节，不起眼的黄壶藓会长出一把把黄色的“小伞”，个头一下子比平时增大了数十倍，此时的黄壶藓乍看起来酷似一丛丛美丽的小蘑菇。这些小伞状的结构称为孢子体，是黄壶藓的繁殖结构。有趣的是，当它成熟的时候，真的会像某些蘑菇一样散发出阵阵腐臭味。这种令人厌恶的腐臭味对当地的蝇类来说，相当于“高级香水”味，会让它们不远数里飞到黄壶藓的“小伞”上。这些“小伞”中含有成千上万粒细微的孢子，每一粒孢子都有潜力长成新的植株。在蝇类的剐蹭下，孢子便会黏到它们的腿和身体上。当它们在同样散发着臭味的新鲜粪便上落脚时，黄壶藓的孢子就有机会落在其上，长出新的植株。

其实，在被子植物中，依靠散发腐臭味吸引蝇类传粉或传播种子的种类很多，但是在苔藓植物的成员里，黄壶藓是目前已知少数采用这种方法的种类之一。

相比其他苔藓植物，它走了一条完全不寻常的道路。你看，它是不是更聪明呢？

撰文＊王钧杰　审阅专家＊张　力　绘图＊李小东

漂筏薹草：
沼泽中的竹筏

漂筏薹草，是莎草科薹草家族的一个成员，它生活在黑龙江、吉林、内蒙古的沼泽、湖边及水甸子浅水中，或河岸泛滥的区域，是多年生根茎型草本植物，为三江平原重要植被类型漂筏薹草沼泽的建群种、优势种和伴生种，水分条件的不同会导致漂筏薹草在特定地区呈现规律性分布。你可能好奇，为什么叫“漂筏”这样古怪的名字？当你在沼泽地邂逅它时，就会明白这个中文俗称果然名副其实。原来这种薹草主要通过匍匐的根状茎进行营养繁殖，其根状茎很长，可达 2 米，茎上有许多分株，多条根状茎匍匐生长，紧密交织，形成垫状，看起来好像竹筏。当它生长在湿地中被浅水环绕时，远观更似漂浮在水面的竹筏了，故得名“漂筏薹草”。

漂筏薹草怎么在湿地中活下来的？进化论告诉我们，这种薹草在长期自然选择的压力下必然磨炼出了一套生存本事。首先，漂筏薹草的身高通常比同属“姐妹”高一些，随着积水深度的增加，漂筏薹草的株高

* 物种资料：

漂筏薹草 *Carex pseudocuraica*

禾本目 Poales

莎草科 Cyperaceae

* 识别要点：

草本。根状茎较粗，地上匍匐茎水平伸长，长可达 1～2 米，褐色或暗褐色。叶平张，淡绿色。穗状花序，长圆状圆柱形，具锈黄色小花数朵。小坚果包于果囊中，卵形或椭圆形。花期为 4 月，果期为 6 月。

* 国内分布：

黑龙江、吉林及内蒙古。

会逐渐升高，使自身的叶片可以伸出水面，正常完成光合作用。其次，漂筏薹草够强壮，草本植物的茎粗是衡量植物对环境适应的重要形态指标之一，反映了植物的直立程度和抗倒伏能力。与无积水生境相比，漂筏薹草在积水生境中茎粗更大，而且积水越深，茎粗越大。第三，植物体的输导组织能为植物体各个部分输送营养和水分。在积水环境中，漂筏薹草的导管数目减少，而导管直径显著增加，这样的结构能够增强导管的输水能力，进而更有效地运输水分。漂筏薹草的茎内还有发达的气腔和较大的髓腔，有助于增加植物体的弹性和浮力，以保证光合作用和呼吸作用顺利进行。此外，漂筏薹草的叶片中也有较大的气腔，有助于叶片浮出水面，这个结构对湿生水生植物来说非常重要，是漂筏薹草湿生性状最显著的标志。

撰文＊陈莹婷　审阅专家＊覃海宁　王洪峰　摄影＊王继丰

II [065]

貉藻：昆虫捕快

在光怪陆离的植物王国中，有这样一个种类，它们不仅喜欢晒太阳、吸二氧化碳，还偶尔捉些虫子来丰富食谱，补充蛋白质。它们就是大名鼎鼎且怪异狡黠的捕虫植物。全世界的捕虫植物估计有600种，如猪笼草、茅膏菜、瓶子草和捕蝇草等，都是广为人知的捕虫植物的代表。但要论它们中的哪一种捕虫速度最快，那独占鳌头的一定是茅膏菜科貉藻属的唯一成员——貉藻。

貉藻是水生开花草本植物，可藏身于水下，也可漂浮在水面生活。它的身形相貌十分奇趣：没有根，茎干柔弱，叶6～9片为一轮，围绕着茎干着生，仿若水轮，所以又被唤作“水轮草”。

作为捕虫植物的一员，貉藻自然拥有一套独特的捕虫工具：生有腺毛和感应毛的叶，我们称之为“捕虫叶”。与捕蝇草的捕虫方式一样，貉藻的捕虫叶可沿着中肋对折，当水中超小型的无脊椎动物不小心闯入捕虫叶的关闭范围，触碰到叶面上的感应毛时，捕

* 物种资料：

貉藻 *Aldrovanda vesiculosa*
石竹目 Caryophyllales
茅膏菜科 Droseraceae

* 识别要点：

浮水草本。长6～10厘米。叶轮生，每轮6～9片，叶片平展时肾状圆形，具腺毛和感应毛，受刺激时两边以中肋为轴互相靠合，外围紧贴，中央形成一囊体，以此捕捉昆虫。花微小，单生叶腋，白色或淡绿色。果实近球形，不开裂。

* 国内分布：

黑龙江。

虫叶就会立刻对折，形成一个“密室”，囚禁可怜的小虫子，直至它们死亡。这里“立刻”的概念是10 ~ 20毫秒，换句话说，在你眨眼的瞬间，貉藻已经准备好了分泌消化液。所以貉藻是不是够得上“植物界最快的猎手”之头衔呢？为了防止水中杂质触碰感应毛，貉藻的每片捕虫叶周围还长着4 ~ 6根6 ~ 8毫米长的刚毛。其叶柄也承担着一定任务，叶柄看似粗壮，其实内里满是空腔，充满了空气，以支撑叶片飘浮。

由于拥有快、狠、准的捕虫本事，貉藻的足迹遍布亚洲、非洲、欧洲和澳大利亚的淡水环境。在我国，貉藻基本生活在黑龙江境内，宝清县七星河国家级自然保护区有较大面积的貉藻分布。貉藻对生存环境要求极为苛刻，它怕冷，其捕虫消化、生长发育和开花结果等生命活动几乎只能发生在不低于20℃的水环境里。貉藻生活在干净温暖的浅水区里，要求水中营养物质的含量不能太高，因此貉藻的存在往往标志着当地的水质特别好。寒冷的冬天一旦降临，貉藻就会长出一种特殊的枝芽。这种芽能脱离母体，沉入水底休眠，以度过不良的气候。

待春季水面温度回升，休眠芽便恢复生机，抽枝长叶，发育成新的貉藻个体。

貉藻会缠住水鸟的脚，免费搭乘“鸟类航班”去往远方安家。因此貉藻的整体地理分布表现出一个有意思的规律，即与某些候鸟的迁徙路线重合。

根据已知的化石证据，貉藻属曾经繁衍出至少19个物种，经过漫长而残酷的自然选择，今天，貉藻属只剩下貉藻一种了。

撰文＊陈莹婷　审阅专家＊王洪峰　摄影＊周　繇

II［066］

睡莲：“神圣之花”

睡莲是多年生水生草本植物，根状茎肥厚如藕节；叶片呈椭圆形，浮生于水面；叶柄是细长的圆柱形。一株会在夏季贡献出一朵花来，8枚花瓣小巧玲珑，花期可持续2～5天，微风拂过，香远益清，婀娜多姿。

在古埃及神话里，太阳是由睡莲绽放诞生的。因此睡莲被奉为“神圣之花”，古埃及人视之为图腾。在古埃及寺庙的廊柱上，就有睡莲的造型。今天，人们礼佛的供品中也有睡莲，只不过做成了灯烛，花蕊变成了灯芯，在幽暗的佛堂里，烛光映照着睡莲形的灯座熠熠生辉。

睡莲是一个大家族，全世界共有50多种，在公园和庭院常见的栽培品种花大而美丽，如火炬般盛放于水面，而真正的野生睡莲植株则是小巧玲珑的，如常见的白睡莲的花直径约15厘米，野生睡莲的花的直径则不到5厘米。野生睡莲曾在我国广布，由于环境影响，在许多地方已经灭绝了。黑龙江大片的湿地为它保留了珍贵的栖息地，因而在这里有野生睡莲的野生种群。

* 物种资料：

睡莲 *Nymphaea tetragona*
睡莲目 Nymphaeales
睡莲科 Nymphaeaceae

* 识别要点：

多年水生草本。根状茎短粗。叶纸质，心状卵形，长5～12厘米，宽3.5～9厘米，叶正面光亮，反面红色或紫色。花直径3～5厘米，白色。浆果球形，被宿存萼片包裹；种子椭圆形，长约0.3厘米。花期为6～8月，果期为8～10月。

* 国内分布：

在我国广泛分布。

黑龙江大兴安岭塔河、加格达奇、伊春市、集贤县、密山县、萝北县、哈尔滨及尚志县都有分布。

每年10月，当北国的冷风席卷黑龙江大地时，睡莲的茎叶迅速枯萎。它沉于水下，沉沉睡去。水面结冰后，睡莲就进入了休眠期。这一睡，就到了次年的3～4月，等到冰层消融，水温升高，睡莲的根茎感知到物候的变化，它开始萌发叶子，小心翼翼地生长，尽量避免娇嫩的幼叶伸出水面，遭遇料峭的春寒。和水面之上相比，水下的温度相对恒定，它静静地等待气温的回升，静静地承受春夏之交雨水的敲打和春夏洪水的侵袭。它是弱者，也许洪水会冲断它的根茎，也许觅食的兽类会踩断它的根茎。但伤痛对它来说意味着新生命的诞生，它会从一株变成多株，从一朵花变成许多朵花。最终在外界力量的刺激下，繁衍出一片睡莲群落，变成沼泽地中一片灿烂的花海。

随着夏季的到来，气温升高，沼泽水位上升，睡莲爆发出迅猛的生长速度。它的叶片迅速抢占水面，并开始萌发花朵。一片水域中聚集生长的睡莲，花朵次第开放。与栽培的白睡莲不同，它的花虽然也呈白色，但是直径只有 3 ~ 5 厘米，只是一枚硬币的两倍大小。在 5 ~ 8 月，一片平庸的沼泽，会因为睡莲的开花而变得诗意盎然。睡莲喜欢阳光，喜欢和风，喜欢被人欣赏。白天阳光越强，花开得越娇艳；夜幕降临，无人欣赏，它干脆闭合了花朵，悄然隐藏花朵的风姿。如此反复昼开夜合，就像人类的作息一样规律，所以才得名“睡莲”。花开之后，睡莲开始结实，它的种子成熟后会掉入水中，种子的胚胎被坚硬的胶质物包裹。经历一个寒冬的浸泡，次年三四月，睡莲的胚芽才会冲破坚硬的外壳，扎根生长。这个时节，可能它还在母体附近，也有可能被流水搬运到了很远的地方，开辟出新的领地。

在盛花期，睡莲大量吸收水体中的磷和氮，能够迅速净化污水。因为具备这种能力，使睡莲成为净化城市污水和美化城市环境的不二之选。

撰文 * 陈　旭　审阅专家 * 雷光春　摄影 * 闫　伟

II［067］

莲：一张输送氧气的“互联网”

* 物种资料：

莲 *Nelumbo nucifera*
山龙眼目 Proteales
莲科 Nelumbonaceae

* 识别要点：

多年生草本。根茎横走，即莲藕。叶圆形，高出水面，有长叶柄，具刺。花大型且美丽，单生在花梗顶端，直径10～20厘米，多数为红色、粉红色或白色。果实呈椭圆形，俗称“莲子”。花期为6～8月，果期为8～10月。

* 国内分布：

产于我国南北各省。

在秀丽的三江平原上，大大小小的原生湖泊星罗棋布。在这些美丽的湖泊中，莲是柔美的水生植物，它不似睡莲那样慵懒，也不似水烛那样单调。与那些喜欢浅水的植物相较，挺立在水中的莲喜欢开阔而较深的池塘。

莲在全世界仅2种：莲与美洲莲。莲分布于亚洲和澳洲，美洲莲分布在北美洲。中国既是莲的分布中心，又是栽培中心。野生莲的分布对莲的遗传多样性有重要意义，而黑龙江则为野生莲提供了家园。黑龙江是一块多水的土地，三江平原上的河流湖泊恣意漫灌，萝北县、饶河县及珍宝岛都分布着野生莲的种群，这里也是自然美丽景观的绽放场所。

莲只有叶片和花朵是出水的，古人将其叶柄和花柄叫作“茄”（音jia）。莲在水下生长的部分也颇为有趣。春天水温上升，旧年伏在淤泥中的藕的顶芽开始萌发，长出细长而横向的走茎。这样的横走茎并不似藕那样粗壮，因为它是生长的地下茎，古人将这种委蛇的茎称作“蔤”。在蔤的节上会生出根和叶，于是水面上的荷叶一般会沿着一条线生长。

初夏风和日丽，莲花也从地下茎的节上生出，挺出水面，娇豔开放。因茎节上通常只生单叶单花，于是在水面上看到的莲花也与荷叶相偎相依。莲花花瓣硕大，层层叠叠地包裹着花蕊。莲花的这种结构，可以让子房的温度比花外界的温度高，温暖而气味芳香的莲花正是喜爱温暖的虫子们最青睐的处所。莲花授粉结实，原先的子房膨大成空心海绵状的莲蓬。

深秋叶落，水面上的莲蓬会渐渐低下头，冷风折断莲梗，半球形的莲蓬倒扣在水中，像小船一样随着水波远飘。莲蓬中的莲子此时从莲蓬的孔中脱落，在漂泊的途中落入水中。此时，池泥中的横走茎也悄悄发生了变化，在最顶端 3 ~ 5 节部分逐渐膨大，长成了贮藏块茎，古人称之为“藕”。作为贮藏茎的藕，在其节上是不生长叶和花朵的。粗壮的藕是莲花越冬的营养器官，它贮藏养分，用以来年再次萌发。藕顶端的芽在藕成熟之后便会进入休眠，直到度过漫长的冬天。待到春暖花开，塘泥回暖时，它才会萌发形成新的莲株。

莲这种大型的挺水植物，在形态上已经完全适应了水中的环境。在其叶柄和根茎中都有相互连通的气孔，这些气孔可以从叶片源源不断地输送空气到密闭的塘泥深处。这种结构保证了莲不会在水中缺氧，令它可以在深水中生长。除此之外，莲为了保证出水的叶片

不被水沾湿，并且，在荷叶表面形成一种特殊的疏水结构。在荷叶的表面，表皮细胞形成连续密集的纳米级蜡质凸起。每当有水打湿荷叶，细小的纳米凸起可以利用水的表面张力，促成打湿荷叶的水变成滚动的水珠。滚动的水珠不但无法在荷叶表面立足，还会带走荷叶上的尘埃与杂物，于是荷叶总能保持清洁。

古人爱莲，大抵是因为它远离河岸而不可“亵玩”；古人也探究莲，对莲的生长繁殖了解透彻。但是在这种惹人喜爱的植物身上，还有很多值得我们发掘的东西。

撰文 * 方　杰　审阅专家 * 雷光春　摄影 * 何志贤

丹顶鹤：
狐狸不敌吉祥鸟

说起丹顶鹤，大家会联想到很多东西，如《松鹤延年图》、剧毒鹤顶红或白居易的“低头乍恐丹砂落，晒翅长凝白雪消”……那么，丹顶鹤到底是怎样一种鸟，又有哪些生存智慧呢？下面就让我们为你一一解析。

丹顶鹤是我国历史最为悠久的文化鸟。在中国最古老的诗歌总集《诗经》中，就有对丹顶鹤健美秀逸的体态、典雅优美的舞姿和善鸣喜静的行为之描写。经过悠久的历史沉淀和全方位的文化渗透，丹顶鹤逐渐成为人们心目中“吉祥、长寿、幸福、忠贞”的象征，并且形成了具有东方民族特色且内涵极丰富的鹤文化。

其中，最广为人知的就是中国的《松鹤延年图》。顾名思义，画中内容为丹顶鹤站在松树上，寓意“吉祥、长寿”。这幅图寓意美好但并不科学。全世界包括丹顶鹤在内的鹤亚科有 13 种，均为湿地地栖鸟类，而非树栖鸟类。它们的趾型均为前 3 后 1 型，后趾高位短小，与前三趾不共面，不具有抓握功能，难以在树上栖息站立。

* 物种资料：

丹顶鹤 *Grus japonensis*
鹤形目 Gruiformes
鹤科 Gruidae

* 识别要点：

这是一种不会被认错的大型鸟，颈和脚较长，头顶的鲜红色尤为醒目。体长 120 ～ 160 厘米，通体大多白色，喉和颈黑色，耳至头枕白色，脚黑色。

* 国内分布：

广布于中国北方，在东北的黑龙江、吉林、辽宁和内蒙古繁殖。于长江中下游地区越冬。

关于剧毒鹤顶红，传说中“有剧毒，作鸩酒，服之即死”。其实不然，《本草纲目》中早有记载：“鹤血气味咸平无毒”。武侠小说中的鹤顶红实则为不纯的三氧化二砷，也就是砒霜，鹤顶红为古时候对砒霜的隐晦说法。那么，真正的鹤顶红是什么呢？经显微观察发现：丹顶鹤的丹顶是皮肤特化成裸露的乳头状突起，乳头真皮浅层内含有大量的毛细血管丛和血窦，其内可见聚集成堆的卵圆形血红细胞，正是这些血红细胞保持着丹顶鹤的鹤顶红。鹤顶红不是丹顶鹤独有的体态特征，不同生活时期鹤顶红的面积大小与颜色深浅均不一。只有性成熟后，鹤顶红才最具魅力。鹤顶红在丹顶鹤的繁殖生存中具有不可替代的作用，既是其繁殖期发情求偶最有吸引力的主要体征，以此来获得异性的芳心，更是繁殖期领域维护时的主要威吓性部位，以此来警示或恐吓一切来犯之敌。

仅有鹤顶红不足以吓退一切来犯之敌，还得有让敌人闻风丧胆的武器。对于丹顶鹤这种拥有三长特征的大型湿地水鸟而言，长长的颈和长长的喙好比一杆长矛，长长的腿犹如一柄三齿钉耙，

它们都是丹顶鹤的防御利器。再厉害的野生动物也招架不住一杆长矛和两柄三齿钉耙的陆空式攻击。据笔者观察，针对这种三长利器，野外最狡猾的狐狸也无可奈何。狐狸瞄准鹤卵的每一次进攻，都被在空中飞舞且携带三长利器的丹顶鹤扑退。

但你要知道，无论何种野生动物，得以生存的秘诀并非威武的利器。因为再威武的利器，在人类面前都显得微不足道。相对于攻击而言，懂得躲避才是动物真正的生存之道。丹顶鹤通常选择大面积的芦苇沼泽营巢孵卵，据研究表明，大面积健康生长的芦苇沼泽不仅能为丹顶鹤的繁殖提供较好的隐蔽，而且能为其孵化和育雏提供适宜的孵化条件和充足的食物资源。分析发现，处于繁殖状态的野生丹顶鹤在人距其巢约 1 千米时，就已离开巢区；而孵卵用的巢，距离超过 30 米时很难被发现。丹顶鹤的长颈和长腿所形成的约一人高的体长，有助于它在第一时间发现远距离的外来干扰，并迅速远离巢区。这对其仅有的一窝 2 枚卵是最好的保护，更是其繁殖期主要的生存策略。

虽然掌握众多生存策略，但丹顶鹤野生种群的数量并不乐观。作为野生丹顶鹤迁徙群体的主要繁殖地，黑龙江的松嫩平原（扎龙、乌裕尔河和哈拉海等）和三江平原（挠力河、七星河、洪河、兴凯湖、三江保护区、三环泡和珍宝岛等）区域内的保护区在践行着大量保护工作。但这些仍不够，丹顶鹤的保护需要社会的密切关注，更需要我们大家共同努力。

撰文＊吴庆明　审阅专家＊闻　丞　供图＊黑龙江省林业厅

大天鹅：巢巢相距百米多

* 物种资料：

大天鹅 *Cygnus cygnus*
雁形目 Anseriformes
鸭科 Anatidae

* 识别要点：

体大型而洁白色的雁形动物。体长120 ~ 160厘米，头稍沾棕黄色。嘴端黑色，上嘴基部黄色，此黄斑沿两侧向前延伸至鼻孔之下，形成一喇叭形。蹼和爪为黑色。

* 国内分布：

广布于中国，冬季越冬于中国长江流域及附近湖泊，春季迁往黄河以北地区繁殖。

在东西方文化中，美丽的天鹅都是高贵圣洁的象征。在中国古代，大天鹅被称为“鹄”“鸿鹄”“白鸿鹤”和“黄鹄”等。全世界有7种天鹅，中国有3种，分别为大天鹅、小天鹅和疣鼻天鹅，其中大天鹅和小天鹅都栖息在黑龙江，但只有大天鹅在黑龙江繁殖。

黑龙江的地理形状就宛如一只展翅高飞的天鹅。也许在许多年前，就是一只倦飞的大天鹅从天空坠落，变成了黑龙江这片沃土。今天，黑龙江将大天鹅尊为省鸟，省会哈尔滨则被称为“大天鹅项下的珍珠”。

大天鹅是大型水禽，体长120 ~ 160厘米，翼展218 ~ 243厘米，体重8 ~ 12千克，寿命可达8年。大天鹅的食谱很广，水生植物的根、茎、叶和种子，以及软体动物、水生昆虫和鱼类都是它的食物。大天鹅拥有强健的体魄和超强的飞行能力，它是世界上飞得最高的鸟类之一，经常翱翔于海拔9000米的高空之上。

每年9月中下旬，大天鹅离开黑龙江的繁殖地开始南飞。它们会在大兴安岭南部砍都河下游湿地、多布库尔河和南翁河下游湿地短暂停留，补充体能后继续南飞，于10月下旬至11月初到达越冬地。

大天鹅生性机警，当人或其他动物与它们相距约300米时，就会被担任守卫的大天鹅发现。“守卫”立即发出警报，天鹅群随即飞离，躲避潜在的危险。但在人与天鹅和谐相处的地方，如欧洲和美洲一些地区，以及我国山东荣成烟墩角天鹅湖、山西平陆县的三湾村等地，也可以看到人们与大天鹅“零距离接触”。

初夏时节，三江平原和松嫩平原绿意渐浓，大天鹅翩翩而至。它们在荒野中歇脚觅食，补充体能，搭建爱巢，为繁育后代做充足的准备。黑龙江的湿地沼泽绿草丰茂，湖中的小岛孤洲是大天鹅营巢的首选之地。这些地方，人、畜和其他兽类天敌难以到达，在巢域周围生长着芦苇等水生植物，还有大片开阔的水域。爱清洁的大天鹅即使在孵育期间，也会在水中把自己清洗得干干净净。大天鹅出入巢穴时非常谨慎，从空中降落回巢时，它们先要盘旋查看，确认没有危险后，才会小心翼翼地降落到巢穴中。

在大天鹅集群繁殖的巢域中，两巢之间的距离都在100米以上。当巢域较小时，它们也会侵占雁类或其他水鸟的巢。有趣的是，占巢之后，它们并不把其他水鸟的卵扔到巢外，而是同自己产的卵一同孵化，心甘情愿地当起养母、养父来。

产卵后，雄雌天鹅轮流进行孵化和警戒，它们用强健的翅膀、灵活的长颈和坚硬的喙击退敌人。大天鹅弓起的翅骨猛力一击，甚至可以击断人腿。所以它的天敌，如狐狸、狼、猎狗，甚至鹰雕等，一般都避免与大天鹅发生正面冲突。

大天鹅的孵化期超过 30 天，刚出壳的雏鹅活脱脱是只“丑小鸭”：身被灰褐色的绒毛，一双橘红色的小脚，淡桃红色或肉色的嘴，体长约 27 厘米，体重约 200 克。不过在父母的精心呵护下，不到两个月的时间，它们就能长得同父母一般大小。到了 8 月底，雏鹅虽然羽色还呈灰褐色，但羽翼渐渐丰满。这时候父母也变得苛刻严厉起来，督促着雏鹅跟随它们学习飞翔的技巧。即将到来的长途迁徙，迫使雏鹅必须学会飞翔，否则它们将被冻死在严寒的出生地。

····

····

一年后，经历了从出生地到越冬地的往返，经过一万多公里飞行历练的雏鹅，完全长出了和父母一样的羽色，“丑小鸭”终于变成了美丽的白天鹅。但它们还会在父母的监护下度过 3 年时光。这些亚成体大天鹅，会在父母外围担当警戒，一起守护更多的弟弟妹妹来到世上，直至组建新的家庭或生命的终结。

撰文＊陈　旭　审阅专家＊彭一良　摄影＊刘哲青　高　翔

东方白鹳：
湿地饕餮

在黑龙江广袤的湿地生境中，有不少拥有超级飞翔能力的大型鸟类，如丹顶鹤、白枕鹤、白鹤和东方白鹳等，它们都能够轻松地飞越数千千米，往返于繁殖地与越冬地。在这些大型鸟类中，东方白鹳得到的人类关注较少，古人基本上也没为它写下过优美的诗句。但东方白鹳毫不介意人类的漠视，它用翅膀征服了西伯利亚、中国东北地区、华北平原、渤海、黄河、长江及其中下游湖泊湿地的空域。今天，它甚至远飞到香港滨海湿地越冬。

东方白鹳的食谱很杂，无论淡水食物还是咸水食物，只要能填饱肚子，它都会默默地咽下。冬季越冬的时候，如果长江中下游的洞庭湖和鄱阳湖食物缺乏，一些东方白鹳就会飞到香港去吃海鲜；而鹤类却只能待在长江中下游的淡水湖泊中苦熬时日。

东方白鹳的食谱如下：鱼类占79%以上；如果没有鱼可吃，那就吃植物的种子、叶、根及苔藓；湿地中的蛙、鼠、蛇、蜥蜴、蜗牛、雏鸟和蝗虫等也是它

* 物种资料：

东方白鹳 *Ciconia boyciana*
鹳形目 Ciconiiformes
鹳科 Ciconiidae

* 识别要点：

体长约105厘米。头颈、体背和体腹纯白色。两翼和厚直的嘴黑色，腿红，眼周裸露皮肤粉红。飞行时黑色的翼端部与纯白色体羽成强烈对比。

* 国内分布：

在中国东北地区繁殖，在长江下游的湖泊越冬。

的食物。无论软体动物、节肢动物、甲壳动物、环节动物，只要让它逮住了，统统弄死吞下肚。它饥不择食，完全是一副饕餮的模样。亏了它有一幅好胃口，才装得下这些稀奇古怪的食物。

细心观察，你会发现东方白鹳是一位手段高超的猎手。在浅水滩涂上觅食时，它伸长了颈部，低垂着头，大步且缓慢地行走觅食。一旦发现猎物，它迅速向前，用长喙迅猛啄击，猎物要么被钳住，要么被啄晕，经常是一击即中。在水中觅食时，它甚至会走到齐腹深的水中，凭借敏锐的触觉，用长喙啄住游过的鱼类。有时东方白鹳也会为吞不下猎物而发愁，这类猎物通常是一条体量较大的鱼，噎得它难受。它便静静地站在水中，任凭那鱼尾不停地摆动，它只是咬紧了长喙；若坚持不住了，它就把鱼放回浅水中，然后用粗大的长喙狠狠啄击，将鱼啄死，再艰难地吞咽下去。吃多了太撑怎么办？东方白鹳会腾空盘旋滑翔，利用运动消食。若实在消化不了，它就吞咽一些沙砾和小石子来帮助消食。

在湿地中，为了捕食，东方白鹳甚至会游走五六千米。为了能吃好吃饱，它将自己的领地扩展得很大，也不介意鹤类或其他水禽与它共享地盘。从它的食性，以及与其他物种共生的特性来看，东方白鹳其实是湿地生境的指示物种。它的存在，意味着那片湿地拥有比较完整的食物链。

黑龙江的兴凯湖一带是东方白鹳的繁殖地。每年3月中旬，当东方白鹳飞回这里时，就开始向人们展示自己的建筑师风范。在开阔的草原或农田沼泽地带的孤立大树（如柳树、榆树和杨树）上，它们利用旧巢开始营巢。巢由干树枝堆集而成，内垫枯草、绒羽和苔藓。雄鸟寻找并搬运巢材，雌鸟筑巢。巢呈盘状，外径120 ~ 230厘米，内径50 ~ 74厘米，深15 ~ 35厘米，高50 ~ 200厘米。如此硕大的巢，往往在一望无际的荒野上会成为地标。如果巢未受破坏，东方白鹳每年都会对旧巢进行修理和加高，这些巢会随年限的增加而变得相当庞大。而且在繁殖育雏期间，它们也会不断地修补树巢，让巢变得更高且更宽。凭借强大的长喙和超群的智力，东方白鹳不断刷新自己的建筑水平，也让自己和子女住得更安全且更舒心。

撰文＊陈　旭　审阅专家＊彭一良　摄影＊曹宏颖

II [071]

矛隼：世界上最大的隼

* 物种资料：

矛隼 *Falco rusticolus*
隼形目 Falconiformes
隼科 Falconidae

* 识别要点：

体大的棕灰色隼，体长约56厘米。体背具黑色纵纹与横斑，翼尖黑色，体腹具黑色纵纹。羽毛色彩较浅，体色调非纯褐色或棕色，头部有断续的斑纹。嘴灰色，脚黄色。

* 国内分布：

黑龙江、吉林、辽宁及新疆。

矛隼是一种相当帅气的猛禽，与其他威猛的鹰相比，矛隼多了几分隼类的俊美和冷峻。

矛隼主要生活在欧洲、亚洲和美洲的北极地区，如俄罗斯西伯利亚地区、格陵兰岛、冰岛及北美洲北部。它是一种典型的北方苔原带大型隼，喜爱平坦开阔的栖息地，分布海拔最高为1500米。矛隼是黑龙江的稀客，仅在冬季前往黑龙江平原地带越冬。

矛隼是世界上最大的隼，翼展超过1米，雌性比雄性体型更大。它的头部和胸部宽大；与其他隼窄长的翅型相比，矛隼的翅显得宽且短许多；尾羽则较其他大型隼更长。这样的身体构造，使矛隼在速度和力量方面都具有很大的优势。矛隼的脚爪和跗跖呈鲜艳的黄色，但是我们很难看到。因为在它的大腿上，长且浓密的羽毛几乎把整个足部遮盖起来，就像穿着一条毛裤，这是生活在极寒地区的鸟类对环境的适应。

矛隼有三个主要色型：白色型、灰色型和深色型。越是生活在高纬度地区的矛隼，色型越淡，体型也越大，这同样是为了适应更多冰雪及更恶劣的生活环境。在黑龙江地区，三种色型的矛隼均有发现。

除了繁殖季节在巢穴附近，矛隼会鸣叫交流，大部分时间它都是一个安静的杀手。成年矛隼不像亚成鸟那样喜欢到处游荡，它更喜欢熟悉的捕猎环境。亚成鸟的活动范围非常广，它在各处游荡，尝试捕捉各种各样的猎物，锻炼捕猎技能，寻找最适合自己的生存方式。

大多数时候矛隼偏爱捕食鸟类，尤爱各种小型雀鸟，如燕雀等；偶尔也会向大型鸟类出击，如松鸡和野鸭等。虽然矛隼也会像其他鹰隼一样在 150 ~ 300 米的高空中翱翔着寻找猎物，但是它更喜欢高速贴地飞行，像鬼魅一样无声无息地掠过荒原与沼泽，尾随大意的小鸟，并突然发动攻击，一击绝杀！到了候鸟南迁越冬的季节，没有多少鸟留在寒冷的黑龙江，它们就更多地捕食哺乳类动物。矛隼瞧不起小不点的老鼠和田鼠，要抓就抓野兔，那才具有挑战性。追击灵活的野兔时，任凭野兔在狂奔中不停地变化方向，矛隼冷静地调高身形，在空中急转，让兔子无处可逃。漂亮的俯冲、灵活的转身，以及致命的扑杀，让矛隼无愧于“北国空中霸王”的称号。

在全球范围濒危等级划分中，矛隼被列入无危，但是因其生活的地区是人迹罕至的北极地区，所以对其整个种群的统计略有混乱，估计数量上下限相差较大。在某些分布区域，如黑龙江，矛隼极为罕见。在人类影响较小的地区，如北极荒原，其数量较多。

北方游猎民族口中的海东青，很可能指的就是矛隼。人们赋予它勇敢、智慧、坚韧、正直、强大、开拓、进取、永远向上和永不放弃的精神，也让它成为人们追逐的狩猎之鹰。每年都有为数不少的矛隼成为非法动物贸易的受害者，永远失去了翱翔于苔原的自由。

希望这俊美的北国空中霸王，能永远在黑龙江冰雪平原上自由翱翔!

撰文＊蒲　颖　审阅专家＊许　青　摄影＊武明录

大鸨：
草原大鸟会大隐

在中国有分布的鸟类当中，大鸨是体重最大的鸟类之一，极端的重量甚至能达到 8.7 千克（雄性的身长和体重要明显大于雌性），这对于飞行鸟类来说，已经近乎极限了。很长时间以来，人们一直将大鸨归为鹤形目鸨科；但是鸨类均为草原性或荒漠性的鸟类，与大多数鹤类差距较远。近些年的研究表明，鸨类有一些独有的特征，应该自成一目即鸨形目。

在鸨形目物种中，相对来说大鸨的分布还算广，西起伊比利亚半岛，跳过西欧和中欧，向东经过东欧和中亚，直至东亚地区，都能看到它们的身影。在欧洲和中亚，大鸨的数量相对稳定；在东亚地区，因为栖息地的丧失和盗猎等因素，这一亚种已经走到了灭绝的边缘。而维系这个不大的种群繁殖的场所，就是东北地区广袤的草原。

东亚地区的大鸨是典型的草原型鸟类，取食多种植物和昆虫。大鸨身材巨大，这让它们能够及早发现敌害，迅速跑开。这也给同样生活在草原上，但身材

* 物种资料：

大鸨　*Otis tarda*

鹤形目　Gruiformes

鸨科　Otididae

* 识别要点：

体长约 100 厘米。头灰，颈棕，体背具宽大的棕色及黑色横斑，体腹与尾下白色。繁殖雄鸟颈前有白色丝状羽，颈侧丝状羽棕色。飞行时翼偏白，中部显黑色。嘴偏黄，脚黄褐色。

* 国内分布：

广布中国北方。

矮小的黑尾塍鹬等鸟类起到了警示作用。

东北的草原除了是大鸨的餐桌之外，还是它们重要的繁殖场所。

每年春季，当小草刚刚返青冒头时，大鸨会迁徙到齐齐哈尔、林甸和肇东等地辽阔的草原上，准备生儿育女。大鸨对于筑巢地的选择可以说颇为讲究，它喜欢在草原岗坡的坡腰上筑巢繁殖。草原上，狐狸、雕等捕食者并不罕见，大鸨选择巢址的第一个原则就是缓坡。缓坡上视野开阔，它能及早发现敌害的侵袭，做出应对。大鸨的第二个原则，是将巢筑在偏南的朝阳山坡上。春季的草原依旧寒冷，不时会刮起西北风或东北风，往往风力颇强。选择南坡筑巢，可以免受寒风的袭扰，还能更多地沐浴阳光，可谓明智之选。

大鸨在地面上筑巢，如何使巢既隐蔽，又能发现敌害也颇有讲究。在黑龙江西部的草原上，大鸨会选择植被高度约 20 厘米，植物生长比较繁茂的地方筑巢。这样大鸨在孵卵时，脖子紧贴着身体，能够很好地隐蔽在茵茵绿草之中；而当亲鸟察觉到附近有异动时，伸起脖子，正好又可以把头部露出来，便于观察。

有诗歌颂草原：“天苍苍野茫茫，风吹草低见牛羊”，而这里却是风吹草低见大鸨，更有几分野趣。还有一些大鸨会选择在山杏的根部筑巢。山杏就像一把巨大的遮阳伞，为大鸨洒下阴凉，也提供了很好的隐蔽条件。

大鸨在东北地区停留的时间很长。2月底就有大鸨到达黑龙江的记录，而最晚则到10月底大鸨才南迁，完全离开黑龙江，前往黄河流域越冬。每年有近8个月的时间，大鸨是在东北草原上度过的。大鸨东亚种群的繁殖，完全在草原上完成。作为国家一级保护动物，大鸨无疑是草原上的一颗明珠。但是草原的开垦、放牧的增加、气候的变化及偷猎活动的增多，这些都直接影响了大鸨的生存。这颗明珠是否还能继续闪耀，将取决于我们的行动。

撰文＊王瑞卿　审阅专家＊许　青　摄影＊温显达

II [073]

雪鸮：化身为雪

* 物种资料：

雪鸮 *Nyctea scandiaca*
鸮形目 Strigiformes
鸱鸮科 Strigidae

* 识别要点：

通体白色的猫头鹰，体长约61厘米。眼黄色，头顶、背、两翼和下胸羽尖黑色，使体羽满布黑点，雪中看此鸟为灰色。嘴灰色，脚黄色。

* 国内分布：

中国东北和西北地区。

在人们熟知的鸟类中，没有哪种能比雪鸮能更好地代表北方极寒地区的形象了。借助小说《哈利·波特》掀起的热潮，几乎人人都认识了这种大白猫头鹰，但并不代表人人都了解雪鸮。甚至，这部小说还为它们带来了厄运——大量的雪鸮被捕捉，作为宠物驯养，并将它运输到了对它们来说“酷热难耐”的地区，而不顾它们本身对于寒冷的高度适应。

雪鸮栖息于北极的冻原和旷野之上。到了冬季，随着对食物的需求，它们会向南游荡，每年十月下旬抵达中国东北北部。此时，黑龙江已然入冬。用不了多久，在齐齐哈尔、大庆等地的郊外，原野上就将满布皑皑积雪，厚厚的覆盖着大地。从天到地，一片晶莹剔透，好似一块白玉。偶尔会有几棵树木刺破雪层，指向空中。在这样纯净的环境中，雪鸮显得异常活跃，积极地捕猎啮齿类、兔子，甚至是中型鸟类，给旷野带来无限生机。没错，雪鸮就是这片荒原和开阔疏林中的空中王者。

雪鸮是世界上唯一一种几乎全白色的猫头鹰。雄性雪鸮仅有腹部、飞羽上杂有一些深色的横斑，这使它们站立在雪地之中时，颇似一个雪堆，无论是敌人，还是它们捕食的对象，都很难发现它们。和雄性雪鸮相比，雌性雪鸮暗色的横斑更多一些，分布的范围也更广一些，延伸至头部和背部。这使它在孵卵时，能更好地与周边未融化的积雪、裸岩和苔藓地衣融为一体。

这种与环境融为一体的本领，在很多动物身上都存在。被捕食者是为了躲避敌害，使敌人看不到它，例如大名鼎鼎的枯叶蝶，它们翅膀背面的颜色和花纹颇似地面的枯叶，这能使它们躲开鸟类的目光，而水中黑斑蛙的一身绿色皮肤能使它们完美地融入浮萍里，躲避鹭、蛇的袭击。除了被捕食者之外，捕食者也需要伪装起来，好出其不意的袭击猎物。例如，雨林中的兰花螳螂，体态、颜色都像兰花，蛇类更是伪装高手，生活在地面的蝮蛇一身暗色，而生活在树上的竹叶青则是翠绿。而猎手雪鸮则是终年生活在冰雪之中，因此，雪鸮无论冬夏，都是一身洁白的装束，这是它们对冰雪环境的极致适应。

和所有的极地动物一样，为了适应极寒地区的生活，雪鸮从身体到习性，都发生了一些变化。北方冬季的夜晚过于寒冷，很多小型动物都选择避而不出，因此和一般的夜行性猫头鹰不同，雪鸮也能在日间活动、捕食。

在身体上，雪鸮的变化则更明显，除了身被一身白羽之外，和它的亲戚雕鸮相比，雪鸮的头部明显变小而圆，面盘也不明显，这无疑能使它减小身体的面积，更好地保存热量。雪鸮保存热量的努力还不止于此，雪鸮的嘴基长满了须状羽毛，几乎将嘴全部埋入其中，脚上也密布白色绒羽，几乎遮盖住整个脚爪，雪鸮的尾下覆羽也很长，这些改变都能使它更好地适应寒冷的气候。因此，在冬季的黑龙江，尽管温度时常达到零下二三十摄氏度，但是雪鸮也能自在的生活。

极寒的气候，塑造了黑龙江冬季的空中王者，雪鸮就在天空与积雪之间，有力地飞翔与捕食。

随着化石燃料的使用，全球气候在加速变暖，再加上大量雪鸮被捕捉贩卖，雪鸮数量处于持续下降中。目前依据北美地区的监测数字，IUCN 调高了雪鸮的受胁等级。在国内，雪鸮被列为国家二级保护动物，捕捉和贩卖都是违法的行为。

撰文＊王瑞卿　审阅专家＊许　青　摄影＊徐永春

水獭：
“獭祭鱼，鸿雁来”

水獭善于游泳，喜欢吃鱼。我们的祖先很早就发现了水獭的这些习性，并且用它来记录节气。《礼记·月令》中有“东风解冻，蛰虫始振，鱼上冰，獭祭鱼，鸿雁来”的内容，描述的是一月（孟春）春风解冻，冰雪融化，雨水时节，鱼肥而出，水獭开始频繁地在河流和湖泊一带觅食，俨然成为春天的使者。

水獭尤其喜欢水流稳定且沿岸有茂密植物的溪河地带；在大面积的沼泽地、低洼水地和池塘中，也能见到水獭的身影；水獭还时常光顾养鱼较多的山区，渔民甚至不得不与水獭斗智斗勇。在黑龙江省鹤岗市，一个山区农户庭院里的鱼塘竟然也吸引来两只水獭。主人心善，水獭得以久居于此，倒也为宁静幽雅的田园景致增添了几分灵气。

水獭在水中活动敏捷，能在水中忽前忽后，忽左忽右，翻滚自如。流线型的身体和厚密光滑的皮毛，是水獭在水中来去自如的两大法宝。柔软的流线型身体能够减少在水中运动的阻力；皮毛由强韧的针毛和浓

* 物种资料：

水獭 *Lutra lutra*
食肉目 Carnivora
鼬科 Mustelidae

* 识别要点：

头体长49～84厘米，尾长24～44厘米，体重2.5～9千克。体细长，腿短，体被浓密而厚实的浅褐色毛。颈部和腹部毛色较亮。尾呈锥形，厚实。足具蹼，爪锋利。

* 国内分布：

广布中国南北诸省。

密的绒毛组成，不仅厚密光滑，而且毛发表面还覆盖着防水的油脂，极大地减少了水的阻力。厚密的皮毛除了防水，还可以御寒。在皮毛和皮下脂肪的保护下，水獭得以安然度过黑龙江漫长的寒冬。

水獭善于潜水，鼻孔和耳朵里有瓣膜，在水下时可以关闭，以防止水流入。水獭一般能在水中潜游6～8分钟，由于它在水中游速较快，所以水獭可以潜行相当远的距离。这使得水獭能够出其不意地伏击猎物，尤其在冬季，水獭经常躲在冰窟窿里，等到鱼游过来时突然冲出去捕食。遇到危险时，它通常也是钻入水中，潜往他处。除了捕鱼，水中的蛙、蛇、鼠、蟹、蜥蜴和昆虫等也是水獭的食物。

水獭喜欢穴居，巢穴大多位于距离水源较近的岩石裂缝或倒木之下，极为隐蔽。巢穴通常建在高于河岸的位置，以免受到洪水的冲击。成书于西汉时期的《淮南子·缪称训》中，有“鹊巢知风之所起，獭穴知水之高下”的语句，说明古人当时已经观察到水獭会在水淹不到的地方穴居。水獭以水为生，对水情水势的感知尤为敏感。利用水獭的这种

“超能力”，古代农耕社会的人们通过观察水獭洞穴距离水面的远近，来预测夏秋季节的水涨水落，并以此作为安排农业生产的依据。

水獭曾经广泛分布于黑龙江省境内，但由于水獭具有较高的经济价值，黑龙江省的水獭在20世纪经历了严重的过度狩猎，种群数量锐减。农药的使用和水坝建设进一步加剧了水獭生存条件的恶化。杀虫剂和除草剂的大规模使用，导致河流被污染，水生动物的数量急剧下降，致使水獭的食物变得稀缺，生境严重退化，甚至出现局部地区水獭消失的现象。如今，随着环境保护力度的加强，一度罕见的水獭又开始逐渐出现在人们的视野中。希望这个可爱的水中精灵能够自由自在地活跃在它们的自然生境中，与人类和谐共处。

撰文＊李言阔　审阅专家＊刘丙万　摄影＊姜　权

II [075]

东北黑蜂：抱团取暖

* 物种资料：

东北黑蜂 *Apis mellifera* ssp.
膜翅目 Hymenoptera
蜜蜂科 Apidae

* 识别要点：

工蜂长约1.5厘米，头部复眼较大，长椭圆形，触角膝状，较短。胸部背面灰褐色，密布黄色绒毛。腹部短粗，具较宽黑横纹，各腹节端缘具较细的黄色环带。翅茶褐色，半透明。

* 国内分布：

黑龙江。

自15岁起就给俄罗斯雇主养蜂的黑龙江饶河人邹兆云，深谙蜂性。1918年的春天，邹兆云用马驮着15桶黑色西方蜜蜂，从乌苏里江东边的俄罗斯回到饶河。这15桶黑色蜜蜂，被认为是东北黑蜂的原始种群。

东北黑蜂是源于欧洲的西方蜜蜂，经乌克兰和俄罗斯等国进入中国东北地区。西方蜜蜂来到中国已有百年历史，通过长期的自然选择，成为适应黑龙江物候的地理新亚种。

新亚种的形成引起了人们极大的兴趣，毕竟它是因人为因素而形成的。为了揭示生物进化的奥秘，以及保护东北黑蜂的基因库，1980年黑龙江省成立了饶河东北黑蜂国家级自然保护区。这是亚洲唯一一个专门为蜜蜂设立的保护区，位于乌苏里江中下游，完达山东北支脉那丹哈达拉岭山区，三面环山一面临水，面积达27平方千米。当地现有东北黑蜂原种6000余群，野生植物1000余种，以椴树和毛水苏为主的蜜源植物400多种。

东北黑蜂不仅继承了西方蜜蜂的优良血统，而且在采花酿蜜方面表现得更胜一筹。但万变不离其宗，东北黑蜂仍然是一种高度社会性昆虫。一个正常的蜜蜂群体，有一只蜂王，几万只工蜂，数百只雄蜂。它们各司其职，分工明确。蜂王产卵繁衍后代；雄蜂与蜂王交配后即悄然离世；工蜂虽是雌蜂，但受蜂王性信息素的干扰，不能生育，采蜜、筑巢和喂养后代等烦琐工作都由工蜂打理。不受人工干扰的话，蜂王约有 3 年的寿命，工蜂仅能存活 40 余天。

东北黑蜂的表现不是一般的勤劳。早春柳树花期，气温回升至 9 ~ 12℃时，已有大量工蜂出巢采蜜。黑龙江夏季白昼很长，工蜂更加忙碌，从清晨 4:00 至晚上 19:30 均为采蜜时间。它们采蜜时所有蜜源都要寻个遍，椴树等大宗蜜源当然好，但野花等零星蜜源也不会放过。一只蜜蜂一天要采十囊花蜜，而采 1000 朵花，才能集满一囊花蜜。终其一生，一只蜜蜂能为人类奉献 0.6 克蜂蜜。

东北黑蜂用春夏两季的“起早贪黑”换来了冬季的清闲安逸，“抱团取暖”成了冬天的主要任务。当巢内温度低至 14℃时，工蜂们会围绕蜂王团成空心球；温度越低，团得越紧，以维持蜂球内约 24℃的温度。蜂球外的蜜蜂钻进去，蜂球内的蜜蜂爬出来，交换位置的同时增加了活动量，相互取暖。进食时，也不用每只蜂都去蜂房取蜜，可以通过互相传递来喂食。如此一来，任凭巢外零下数十摄氏度，它们仍可安全越冬。

优良的血统还促成了东北黑蜂极好的性情，处事冷静、不怕光、不爱生气、不易生病，也不会偷别的蜂巢的蜜。

100 年前，东北黑蜂跨越迢迢国界，来到中国，当时“情非自愿”，却也“事过无悔”。传授花粉，采花酿蜜，以自身基因的突变适应黑龙江的物候，也让当地的植物为黑蜂开出属于它们的花朵。

撰文＊水　伊　审阅专家＊严善春　供图＊黑龙江饶河东北黑蜂国家级自然保护区

II［076］

东北鳖：进出一张嘴

东北民间有这样一句谚语：“春天发水走上滩，夏日炎炎柳荫栖。秋天凉了入水底，冬季严寒钻泥潭。”说的就是东北鳖的活动规律。东北鳖又名“甲鱼”或“团鱼”，通常生活在水流平缓且鱼虾繁盛的淡水中。它们可在水中游泳，也能上岸爬行，在黑龙江的众多水域中均可见其身影。

美丽丰饶的松花江流至哈尔滨时，正是水流平缓的中段，非常适合东北鳖的生长。夏天是东北鳖一年中最为忙碌的季节：白天它要浮到岸边晒太阳（俗称“晒鳖盖”），不仅可以吸收热量，还能杀死附着在鳖盖上的寄生虫；夜晚它悄悄上岸，来到松软的沙滩上产卵，以保证卵孵化的温湿需求。经过约50天，稚鳖陆续破壳，急匆匆地向水中爬去。这个时刻，也成为蛇、鼠、蚁、鸟等的夏季筵席，它们会守在沙滩附近，从容不迫地吞食这些丰盛的美食。

东北鳖是杂食性动物，鱼、虾、昆虫、蛙、蚯蚓，甚至腐尸都是它喜欢的食物；夏季水中大量繁殖的藻

* 物种资料：

东北鳖 *Pelodiscus maackii*
龟鳖目 Testudines
鳖科 Trionychidae

* 识别要点：

龟形动物，成体背甲较柔软，长可达35厘米，灰褐色，腹甲白色，但幼鳖腹甲为橘红色。

* 国内分布：

中国东北部各水系。

类，也是它的主食之一。东北鳖在水中视觉差，动作迟钝，但听觉和触觉很灵敏。每当水面有声响时，它总是好奇地探出头来查看，人们经常利用这个特点来捕捉它。东北鳖的游泳姿态可爱中透着点优雅，只见它头向前一伸，四条腿轻轻一划，就能游出很远。若是一不小心“翻了车”，它也不惊慌，只需伸出长长的脖子，然后用头顶在地面上借力，就可以轻松地翻身了。有时性情凶狠的成鳖们也会因为争夺食物进行一场厮杀，虽然战败者不至于死去，但流血或受伤仍不可避免。

到了每年10月，秋风渐起，天气转冷，东北鳖会纷纷来到松花江水较深的地方，钻入底部的污泥里，一动不动地进入冬眠。松花江的结冰期长达5个月，直到第二年江面的坚冰融化后，它们才会再次醒来与大家见面。

东北鳖是一种古老的次生性水生爬行动物，拥有重要的进化地位，备受形态、区系分类、生态和繁殖及发育等方向学者们的关注。近年来，新加坡的科学家在东北鳖身上发现了一个有趣且独特的现象：鳖竟然可以通过嘴部排出尿液，这在目前研究过的动物中是绝无仅有的。实验证明，它的尿液只有6%通过泄殖腔排出，其余皆由嘴部排出。此后，中国科学家们做了一个有趣的实验：限制东北鳖的活动，让它只待在陆地上，然后在东北鳖身前放一桶水时，它们将头插入水中20分钟至1.5小时。凑近观察，可以发现鳖吸入一些水后，又从嘴部喷射出一些液体。经过检测，水桶中尿液浓度增大——这些液体竟然是尿液。经过一系列的理化指标测定，发现这些尿液仅存于嘴部，并不存在于肾脏。科学家们认为，这是为了适应在含轻微盐分的湖沼与池塘中（淡盐水域）生活，以最少的水分散失，尽可能地排出最多的盐。这种独有的方式使鳖能适应更广泛的生活环境，减轻不利因素的影响，进一步扩大了东北鳖的生存范围。这种独特的适应现象为物种进化研究指出了新的方向。

由于东北鳖具有较高的营养与药用价值，野生东北鳖受到了人类的极大威胁。目前野生东北鳖已被列入《中国濒危动物红皮书》易危等级和黑龙江省地方重点保护野生动物名录中。虽然巨大的商机驱动着人工养殖的开展，但市场的供不应求仍威胁着野生东北鳖的生存。

撰文 * 刘婉丽　审阅专家 * 赵文阁　摄影 * 赵文阁

Macropodus chinensis

II [077]

圆尾斗鱼：天生是个好爸爸

* 物种资料：

圆尾斗鱼 *Macropodus chinensis*

鲈形目 Perciformes

丝足鲈科 Osphronemidae

* 识别要点：

小型鱼类，长约12厘米。体侧扁，呈长椭圆形。眼大而圆，侧上位。侧线退化，不明显。尾鳍圆形。体暗褐色，有不明显的黑色横带数条。雄鱼通常比雌鱼体色鲜艳，具有亮蓝金属光泽色斑，背鳍和臀鳍更为延长。

* 国内分布：

中国长江流域以北的地区。

它吐出一个泡泡，再吐出一个，又吐出一个……它把这些白色的泡泡黏在一起，做成一个泡泡巢。泡泡巢既轻盈又紧致，依靠着浮水植物，漂在水面上。

这是一条雄性圆尾斗鱼！它所做的这一切，只是因为它想恋爱了，恋爱目标明确，就是生小鱼。

雌鱼来了，绕着泡泡巢转来转去。它要看看泡泡巢结不结实，它够不够英俊，还要看看它的拉丝够不够有力（斗鱼的拉丝主要指尾鳍末端的丝状薄膜，是鱼鳍衍生物。拉丝长而有力，说明斗鱼有活力，容易获得母鱼青睐）……而雌鱼也在变美丽，身体趋向透明。

雄鱼也在观察雌鱼，不喜欢就一拍两散。这时，又游来一条雌鱼，围绕着巢观察；很快又多出了一条雌鱼……

泡泡巢差不多完工了，雄鱼终于在来来往往的雌鱼中发现了自己心仪的对象。雌鱼比它略大，看上去对它也有意。于是雄鱼追了上去，和雌鱼绕着泡泡巢转圈。

两只圆尾斗鱼恋爱了，它们试探、轻触、嬉戏并且舞蹈。雄鱼将自己的身体弯成“U”形，试图环抱雌鱼。雄鱼不会选体型比自己大太多的雌鱼，抱不动新娘子也是一个笑话。这是鱼类恋爱中少有的拥抱对方的场景。

雄鱼将雌鱼翻转过来，面对面。雌鱼先排出卵子，雄鱼再排出精子。受精后，雄鱼将受精卵托至泡泡巢里。偶有坠落水中的，雄鱼会追赶而下，用嘴含住，包裹上一层黏液，再送回泡泡巢。然后继续与雌鱼恩爱缠绵，这个过程长达一天，雌鱼会排出 400 ~ 1000 粒卵。

恩爱过后，雄鱼会马上换了一副面孔，将雌鱼赶走，简直是翻脸不认鱼！不过，这都是因为父爱爆棚，雄鱼怕雌鱼把鱼卵吃掉。不仅赶走了雌鱼，连过往的鱼虾虫类也会被它统统赶走。它高度关注着孩子们的状况：沉下水的，马上用嘴托起来，送回泡泡巢；发现泡泡巢有问题了马上修补；死去的鱼卵要及时从泡泡巢清出。雄鱼不时地在泡泡巢下面煽动鱼鳍，让水流动起来，以便孩子们可以吸收充足的氧气。

48 小时后，小鱼便会孵出，靠卵囊里的营养存活；72 小时后，孩子们离开泡泡巢，开始自己游泳了；4 个月后，它们长大成鱼；3 岁左右，圆尾斗鱼的生命走到尽头。这就是圆尾斗鱼的一生。

圆尾斗鱼最长不过 13 厘米，雄鱼比雌鱼美，属于冷水鱼。在中国，圆尾斗鱼主要分布在长江流域以北的地区，最北至黑龙江和新疆。它在湖泊、溪流、池

塘和稻田中都能生存，是中国的原生鱼。

圆尾斗鱼尾部呈扇形，体型不大，但鱼如其名，脾气火爆，好勇斗狠。它好斗到什么程度呢？若在鱼缸中立一面镜子，人工饲养的圆尾斗鱼会对镜撕咬；若让两只雄鱼隔缸相望，它们会一方面展示自己的美，一方面试图和对方打斗。

圆尾斗鱼是一种热衷谈恋爱的鱼类，每年从4月谈到10月。它对生活环境没什么特别要求，水温20～25℃就好，脏一点也能忍受，一样活得高高兴兴。在自然环境中，圆尾斗鱼以稻田害虫和孑孓为食。不过它也是别的鱼类的食物，甚至被人工捕捞，作为其他鱼类的饲料。

人们看到稻田里的泡泡巢，将手伸到泡泡巢里晃动，雄鱼必定出来保护小鱼，咬人的手指。人们便伸网捞鱼，几乎不会落空。懂得利用爱是人类的残忍，也是斗鱼父爱的代价。

圆尾斗鱼另一项奇特的本领是离开水不会死，只要它们的身体保持湿润。这是因为斗鱼长有迷鳃。普通的鱼靠鳃呼吸，圆尾斗鱼除了呼吸器官之外，还有副呼吸器官，称之为迷鳃，可以在空气中直接呼吸氧气，这是圆尾斗鱼适应水流缓慢且溶氧量少的环境而进化的结果。

撰文＊水　伊　审阅专家＊黄璞玮　摄影＊崔世辰

黑龙江鳑鲏：与蚌互养宝宝

蚌张开蚌壳，一条小鱼从壳里游了出来。它欢快地游走了，而蚌也没有怅然若失。小鱼名叫鳑鲏，蚌是它的养母，它在养母的鳃瓣内生活了差不多一个月。

故事要从小鳑鲏的父母开始恋爱说起。鳑鲏爸爸为了吸引鳑鲏妈妈，外形突然变得很夸张：体色艳丽无比，身上出现了发亮的纵行彩虹条，背鳍、臀鳍和胸鳍都延长了，臀鳍外缘变成黑色，眼球上方出现了红色斑，吻部和眼眶上缘有了白色珠星。而鳑鲏妈妈则淡定地拖着长长的白色管子（产卵管）游弋。确定关系之后，它们便亲密地一起去寻找河蚌了。

找到河蚌后，它们游到河蚌吸水孔的上方，鳑鲏妈妈瞄准后俯冲，将产卵管甩入河蚌的体内。河蚌受到刺激后，立刻关闭蚌壳。

“发生什么事了？”趁困惑的河蚌再次张开蚌壳，鳑鲏妈妈又重复一次刚才的动作。鳑鲏爸爸也没闲着，它在河蚌的吸水孔附近射精，精子随水流进入河蚌的外套腔，使卵受精。受精卵依附在河蚌的鳃瓣间。河

* 物种资料：

黑龙江鳑鲏 *Rhodeus sericeus*
鲤形目 Cypriniformes
鲤科 Cyprinidae

* 识别要点：

小型鱼类，长约4厘米。体侧扁，轮廓略呈棱形。口小，端位。下颌略比上颌短，无须。背鳍和臀鳍均无硬刺。侧线不完全。繁殖期，雄鱼眼球上方具鲜艳的红色斑，体侧有彩虹色，臀鳍红色，吻部和眼眶上缘具白色珠星。

* 国内分布：

中国东北部的黑龙江水系。

蚌不断吸水，氧气源源而来，于是受精卵就在河蚌的鳃内住了下来。它在蚌妈妈的壳内无忧无虑地待了1个月，长成了小鳑鲏。

这种生育方式实在太奇葩了。对于鳑鲏来说，它们是只生不养的父母。小鳑鲏是否能想象出自己是怎样出生的呢？不过1年以后，小鳑鲏长大成鱼，它也会重复父母的行为。先谈恋爱，再一起去寻找河蚌帮它们孕育孩子。

其实河蚌也不傻，它为什么替鳑鲏白养小宝宝呢？原来，趁鳑鲏忙着向河蚌鳃内产卵时，河蚌的宝宝钩介幼虫赶紧钩住鳑鲏，在它的身上或脸上寄生下来，长成被囊。2 ~ 5周长成幼蚌，破囊而出。

这么说吧，它们其实在互养孩子。完全不同的物种，但谁也离不了谁。河蚌移动性差，多数时候只能栖身于水底的泥沙里，因此鳑鲏就成了河蚌的旅行工具。而鳑鲏作为小型鱼类，繁殖力弱，怀卵量低，活动范围小，只能借助河蚌保护幼鱼周全。

鳑鲏是个大家族，广泛分布于东亚、东南亚和欧洲。它是我国著名的原生观赏鱼类，因为外形美丽，被称为“水中蝴蝶”或“中国彩虹”。到了恋爱季，雄鱼尤其漂亮，出现显著的体色性征，即所谓的“婚姻色”，这都是由雄性激素引起的。婚姻色具有信号作用，目的是吸引雌鱼的关注，讨雌鱼欢心。

黑龙江鳑鲏是鳑鲏的一种，多分布在图们江、黑龙江和额尔齐斯河。黑龙江鳑鲏体形较小，扁扁的，当地人叫它“葫芦子”。雄鱼比雌鱼略小，体长 3 ~ 6 厘米，最长不过 10 厘米。多数鳑鲏 1 岁成年，最长寿命不过四五岁。它们在每年的 4 ~ 6 月开始分批产卵，5 月中旬最盛。

大多数种类的鳑鲏喜欢栖息在淡水湖底层和河流浅水区，少数种类生活在清澈多石的溪流中。鳑鲏生活的地方水体要清洁，水流要平缓，水草要茂盛，水温最好为 14 ~ 28℃，不低于 0℃即可正常越冬。

鳑鲏胆小，日常喜欢一起游玩，食物为水草、藻类、沉淀有机物、浮游生物、水生昆虫、枝角类和桡足类等。

小鳑鲏趁蚌壳张开之际悄然离去；而另一边，小河蚌也从鳑鲏爸爸妈妈身上破囊而出，潜入河泥中。小河蚌要在泥沙里待上 5 年，才能慢慢长成亲生父母的模样。

撰文＊水 伊　审阅专家＊黄璞玮　摄影＊李星雨

葛氏鲈塘鳢：冰冻数月照样活

* 物种资料：

葛氏鲈塘鳢 *Perccottus glenii*
鲈形目 Perciformes
沙塘鳢科 Odontobutidae

* 识别要点：

小型鱼类，体长约 10 厘米。体圆，近纺锤形，后部侧扁。头大，前部略平扁，具较多浅沟，如皱纹状。吻短而圆钝，其上方常具一瘤状突起。眼小，上侧位。下颌略长于上颌。尾鳍圆形。

* 国内分布：

黑龙江和吉林。

葛氏鲈塘鳢是生活在黑龙江流域的一种小型冷水肉食性鱼类。虽然分布于黑龙江流域，但葛氏鲈塘鳢并不喜欢江中的激流生活，而水流较缓的江岔、湿地和泡沼等水深约 1 米的静水水体才是它的理想家园；如果再有香蒲和菖蒲等挺水植物相伴的话，那就更完美了。

平静而惬意的夏季过去后，寒冷的冬季就要来临了，想盘踞在黑龙江这种高寒地区绝不是一件容易的事情。黑龙江流域的冬季寒冷而漫长，水体（无论江河还是林间沼泽）的冰层厚度往往超过 1 米，这就意味着鱼类在享受美好生活的同时，还要接受冬季长达四五个月的极端冰冻环境的考验，可能一不小心就会被冻在冰中。

葛氏鲈塘鳢应对这种长期的冰冻环境很有经验。在冰封期，大多数江水中的鱼类都会游到更深的水体中，躲在厚厚的冰层下。唯独葛氏鲈塘鳢依然活动在林间泡沼的冰层里，一不小心，它也会被冻在冰层中。

通常来讲，冻在冰中的鱼是无法生存的。但葛氏鲈塘鳢却可以不吃不动地在冰中熬过4个多月（每年12～次年3月）的冰冻期，直至温度回升且冰雪消融时再慢慢苏醒过来，继续它的美好生活。

当地渔民给它取了一个特别形象的别名——“还阳鱼”，意思是“能从死亡中醒来的鱼”。葛氏鲈塘鳢真的具有这种能力吗？背后的机制是什么？何种禀赋赋予了它们这种超强的抗冻能力？

2009年，为了验证它的抗冻能力，俄罗斯学者将葛氏鲈塘鳢放入-1.5～2℃的冰箱3个月，期间葛氏鲈塘鳢处在完全冰冻无水的状态下。3个月后将其在室温流水条件下解冻，其存活率超过90%，该实验充分证明了葛氏鲈塘鳢的抗冰冻能力。

作为目前被发现的唯一能够耐受冰冻的淡水鱼类，葛氏鲈塘鳢拥有独到的生存智慧。首先，在12月初水温接近0℃时，葛氏鲈塘鳢就基本停止摄食了。一方面水温太低，摄食欲望下降；另一方面空腹状态可以有效防止食物在体内结冰。其次，冰冻前葛氏鲈塘鳢的皮肤黏液细胞会大量分泌含有抗冻成分的黏液，在体外形成一件完整的“防冻衣”，防止皮肤在冰冻期被冻伤。再次，冰冻前葛氏鲈塘鳢还会动用自身的氨基酸库，保护脑等重要的内脏器官。最后，葛氏鲈塘鳢爱吃底栖动物的饮食习惯，也是它耐受冰冻的重要原因。因为底栖动物体内含有大量的EPA（二十碳五烯酸，鱼油的主要成分），这是一种在低温环境下有助于细胞维持正常功能的高不饱和脂肪酸。因此葛氏鲈塘鳢体内积累了较高的EPA，为其顺利度过冰冻期提供了重要的物质基础。

除了“还阳鱼”，葛氏鲈塘鳢还有一个特别的名字——“老头鱼”。为什么叫这个名字呢？原来，葛氏鲈塘鳢的天然饵料不足，总是吃不饱，以至于个头偏小，通常不超过10厘米，好像总也长不大一样，所以当地老百姓才给它起了这样一个形象的别称。事实上，只要饵料充足，葛氏鲈塘鳢完全可以长到30厘米。

葛氏鲈塘鳢还有一个特别之处：每年5～6月繁殖期间，雄鱼的头后部会明显隆起，就像在颈部长出一个驼峰，身体两侧还会形成黑色和亮绿色的斑点，以此来吸引雌鱼。过去，它的这一特性曾被当地居民误以为是寄生虫作怪，而受到嫌弃，只有生活在黑龙江中下游的赫哲人才会捕食它。日本侵略者侵占我国东北时，强行把依山水而居且以渔猎为生的赫哲人赶进了深山老林。多亏林地间密布泡沼，盛产还阳鱼。他们以鱼为粮，才逃过此难，因此赫哲人将葛氏鲈塘鳢视为救命鱼。

撰文＊黄璞玮　审阅专家＊赵文阁　摄影＊张　强

*

东部山地 / 虎啸山吟

（完达山、张广才岭、老爷岭）

II［080］

东北红豆杉：休眠抗寒暑

东北红豆杉是第三纪孑遗的珍贵树种，已经在地球上生存了250多万年，是东北的“植物活化石”。它材质优良，纹理通直，结构致密，在黑龙江的森林中，可长成高20米、胸径达1米的高大乔木，而且浑身散发着独特的香味。东北红豆杉属优质木材，力学强度高、耐腐朽、不易开裂反翘，树干边材呈黄白色，心材呈紫赤褐色，因此又名“紫杉”。

冬季，在一片萧瑟的森林中，东北红豆杉固执地保留着绿叶，在一片落叶林中显得卓尔不群。它不畏严寒，即使黑龙江的气温降至–40℃，它那蜡质叶脉也依旧保持着夏秋时的深绿色。它像一位熟稔辟谷的隐修之士，卧雪休眠，大雪压顶或全身披雪，也能安然无恙，不会冻伤。东北红豆杉的生长，在寒热两季都会走向极端。天气太冷它会休眠，停止生长；夏季气温升至30℃以上时，它也会休眠停止生长。它用这种消极的方式来应对大自然的风云变化，就像道家的陈抟老祖，一睡800年。东北红豆杉遇到极寒或极热的天气就会休眠，

* 物种资料：

东北红豆杉 *Taxus cuspidata*
柏目 Cupressales
红豆杉科 Taxaceae

* 识别要点：

乔木，高可达20米，胸径可达1米。树皮红褐色，有浅裂纹。叶条形，灰绿色，长1～2.5厘米，排成不规则的两列，斜上伸展。种子紫红色，有光泽，卵圆形。花期为5～6月，种子于9～10月成熟。

* 国内分布：

黑龙江东部和吉林。

温度适宜了再醒来继续生长，所以它生长得很缓慢。人们测算出一株2米高的东北红豆杉，已经经历了14个寒暑季节的变化，那一株胸径1米的东北红豆杉，肯定经历过数百上千年的风霜。

东北红豆杉属于裸子植物，它的种子是裸露的，没有果皮包被。为了更好地传播后代，它演化出了一个“种托”结构，包围在种子外面。这个种托仅仅松散地包被种子，并没有紧贴其上。在种子成熟时，种托也变成鲜艳的大红色，而且还带有微甜的味道。对于视力极佳的鸟类来说，这是美食的诱惑。于是鸟儿们成群地飞到东北红豆杉的树杈上，享受一顿饕餮盛宴。种托的营养成分被鸟类消化吸收，但种子有种皮的保护，不会被消化液侵蚀，它们随着鸟类的粪便排出体外，在远离母树的地方生根发芽，延续后代。

“山中无甲子，人间日月长。”东北红豆杉似乎一直身处追求永恒的路途上。它用红茎、红枝、绿叶和红豆构建着精致而典雅的形象，它用穿越时间隧道的方式，让自己的年轮变得唯美而细腻。它把种子播撒到脚下，并没有期望第二年就能萌发新苗。它的种子后熟期较长，而且也喜欢休眠，睡过两冬一夏才会生根发芽。在这两年之中，可能会遭遇鸟兽吞噬或流水搬运，但它并不介意是否儿孙绕膝。所以在森林中，人们常会看到散生的东北红豆杉大树，棵棵亭亭如盖，而不像红松或栎木那样形成大片的纯林。

在黑龙江省穆棱市，人们在森林中发现了超过 700 株野生红豆杉，这些红豆杉都是数百年的大树，为了保护这些珍稀的古木，人们特意建立了穆棱东北红豆杉自然护保区。

今天，东北红豆杉是越来越受重视的物种资源，已被列入国家一级保护植物名录。它被重视的原因，不仅是因为优质的木材，更重要的是它是稀缺的药用植物。它的茎、枝、叶和根均可入药，其中的主要成分紫杉醇、紫杉碱和双萜类化合物，具有抗癌功能，并有抑制糖尿病和治疗心脏病的作用。红豆杉的提纯物紫杉醇，被确认为 21 世纪初全球最有开发前途的抗癌药物之一，无明显不良反应，被称为“治疗癌症的最后一道防线”。它的价格超越黄金，每千克市场售价在一千万美元以上，是货真价实的“植物黄金”。

无论以前遭遇人类的砍伐，还是如今因为药用功效而受人追捧，东北红豆杉依旧是一幅宠辱不惊的模样。野生的东北红豆杉依旧喜欢在人们的视野之外，遇寒而眠，遇热而眠，物我两忘，以消永年。

撰文＊陈　旭　审阅专家＊王洪峰　摄影＊周海城　刘　冰

II [081]

水曲柳：挺拔直立

* 物种资料：

水曲柳 *Fraxinus mandschurica*
唇形目 Lamiales
木樨科 Oleaceae

* 识别要点：

落叶乔木，高达30米以上，胸径可达2米。树皮厚，灰褐色，纵裂。叶互生，奇数羽状复叶，长25～35厘米。具小叶7～11片，小叶卵状长圆形，边缘有锯齿。圆锥花序生于去年枝上，雌雄异株。花期为4～5月，果期为8～9月。

* 国内分布：

主要产于东北地区，华北和西北地区也有分布。

水曲柳并非柳，它与垂首弄姿的柳树截然不同。水曲柳是国家二级重点保护植物，树干挺拔直立，小枝棱角分明且成对生长；叶片两头尖，中部圆润；树皮纵裂，好似巨匠精心雕琢一般，每道线条都是那么笔直且力道十足，深深地刻画着水曲柳的悲欢命运。

水曲柳喜光、耐寒、抗风且适应能力强，但它也有不适应的环境。在沼泽中，它一定会生长不良，总是一副病怏怏的模样；在过于干旱或贫瘠的土地上，由于养分有限，它的个头矮小，像个小老头一样。

水曲柳的传宗接代离不开风，重要的传粉过程和传播种子的过程，都是靠风的力量完成的。水曲柳是雌雄异株，15 ～ 20年才开始开花结实。同属木樨科家族的其他成员，如桂花、连翘、丁香和流苏树等，都有鲜艳或芳香的花朵，用于招引昆虫来传粉。而水曲柳却放弃了虫媒的方式，它的雌花只有花萼和雌蕊，雄花只有花萼和雄蕊，都把用以吸引昆虫的花瓣退化掉了。它的花粉很轻盈，可以自由散布在空气中，由风带走，从雄花传播到另一棵树的雌花上，从而完成授粉过程。

等到结果实的时候，水曲柳将种子包裹在生有翅膀的果实内。果实成熟变干后，翅膀也变得很薄，可以借助风力飘走，风越大它们飞得越远。有些种子宝宝不想离开母亲，会选择依偎在母亲的根脉间。可是它们不知道母亲的周围，由于草本植物长得过高、过密和凋落物的自毒作用，以及它们一定要睡够3年才醒等原因，导致它们很难萌发，更别说长大了。反而是那些飞过荒芜、飞过沼泽、飞过贫瘠大地，最终落在落叶松林中的种子更容易长大。针叶树的落叶不容易分解，杂草难以生长，减少了水曲柳幼苗的竞争对手。

水曲柳小时候耐阴凉，与同龄的落叶松生活在一起可以受到很好的保护，既可以减轻霜冻，又对光合作用影响不大。水曲柳与落叶松混在一起还有其他好处：落叶松带内土壤的高浓度速效磷能够改善临近水曲柳的生长条件。它们俩对养分的吸收不一样，缓和了种间竞争，而且落叶松会促进水曲柳细根和叶的协调生长，使水曲柳吸收到更多的养分与水分。

没有谁的人生路是一帆风顺的，水曲柳也一样，既有朋友扶持，也有小虫的危害。小地老虎、水曲柳芫箐、圆海小蠹、长海小蠹和水曲柳枝小蠹等会吃光叶子、钻空树干、破坏根系及毒害种子。小地老虎很凶，尤其在它满3岁时，动作敏捷、性情残暴且自相残杀。白天它潜伏在土壤表面，夜深人静时悄悄杀出，咬断幼苗并拖入土穴。幼苗茎长硬一些后，小地老虎就向嫩叶与生长叶片的位置伸出魔爪。小地老虎的幼虫成熟后还会练成假死神功，受惊后缩成环形。

一棵树要经历多少磨难才能长大成材！以后见了水曲柳可别再想：哎呀，这是东北珍贵的“三大硬阔”之一啊，它能做家具哎！多想想，此树长大不易，它为黑龙江的森林生态系统做出了卓越的贡献。

撰文＊蒙文萍　审阅专家＊王秀伟　摄影＊关艳辉

胡桃楸：
林中智叟

在辽阔的雪域上空，壮美绵延的北国风光一望无际。远眺于山坡之上，有一种身姿伟岸的树木，犹如身披蓑衣的老者矗立在雪域银海之中，悠然垂钓。此景将“孤舟蓑笠翁，独钓寒江雪”的意境，呈现得淋漓尽致。移身于山坡附近，悠然垂钓的老者突然隐没，山坡之上唯有森林与白雪相互掩映。不断寻觅，我们终于发现了这位老者的踪迹，揭开庐山真面目，方知“他”居然是胡桃楸。

胡桃楸又名“核桃楸”或“山核桃”，是一种生长在我国东北和华北地区的阔叶乔木，目前黑龙江省是胡桃楸分布最多的省份。它主要生长在海拔 400 ~ 1000 米的中下部山坡和向阳的沟谷中，为喜光且喜湿润生境的阳性树种。胡桃楸多与红松、水曲柳和紫椴等树种伴生，组成针阔叶混交林或落叶阔叶混交林。

作为东北地区“三大硬阔”之一，在黑龙江 -40℃的严寒中，胡桃楸练就了一身本领。它生长缓慢，寿命极长，在森林演化进程中，胡桃楸不急不慌。遇到

* 物种资料：

胡桃楸 *Juglans mandshurica*
壳斗目 Fagales
胡桃科 Juglandaceae

* 识别要点：

落叶乔木，高约 20 米。树皮灰色，浅纵裂。叶互生，奇数羽状复叶，长 40 ~ 50 厘米，具小叶 9 ~ 17 片，小叶椭圆状披针形。花单性，雌雄同株。果序下垂，常有 5 ~ 7 个果。果球形，卵圆形，长约 6 厘米，表面具纵棱。花期为 5 月，果期为 8 ~ 9 月。

* 国内分布：

华北和东北地区。

贫瘠的土壤它不生长，待到速生的林木改善环境，林木百年之演替，生态系统逐渐稳定时，胡桃楸才姗姗来迟。

硬壳种子都有借助雨水（雪水）浸种和低温冻胀的能力，胀破种皮，待时萌发。胡桃楸也不例外，它不惧怕小兴安岭的寒冷，而且懂得利用寒冷。它生活的环境湿度相对较大，秋天胡桃楸包裹着厚厚种皮的种子掉在林间散布水坑的地上，被松鼠和星鸦掩埋。寒冷使种子冻结，并胀破种皮。春天时，消融的水分滋养种子内的生命，顺利地生根发芽。对种子皮厚的红松进行人工育苗时，也采用秋播或冬季雪藏且春季播种的方法，这都是利用浸种后胀裂种皮的原理。

胡桃楸的身躯高达几十米，与笔直的红松、水曲柳不同，它的主干粗壮坚实，支撑起众多分枝，冠如华盖，以便获得更多阳光。胡桃楸木材坚固不易裂，纹理美观且耐腐蚀，在军工、铁路、建筑和乐器等方面均有应用。然而，由于它枝丫生发茂盛，所以胡桃楸的出材率并不高。

胡桃楸不仅懂得利用环境，而且能自己创造条件来抑制其他植物，使其无法与之争夺生长资源。胡桃楸的树皮可以分泌出胡桃醌及其衍生物，这种物质扩散到胡桃楸附近的土壤与水体中，可以抑制其他植物的种子发芽，将它们扼杀在摇篮之中。近些年来，科学家从胡桃楸树皮中提取物质，制成生物药剂用来防虫和防草。

胡桃楸这位名副其实的智慧老人，深谙生存之道，寄居林野之中，似孤身于万物之外，实则容身于自然之中，悠然自得。

撰文＊张　旭 方　杰　审阅专家＊李显达　摄影＊刘　冰 周海城

II [083]

硕桦：狂风折不断

* 物种资料：

硕桦 *Betula costata*
壳斗目 Fagales
桦木科 Betulaceae

* 识别要点：

落叶乔木，高度超过30米。树皮黄褐色或暗褐色，呈片状剥裂，枝条红褐色。叶厚纸质，卵形或长卵形，长约6厘米，宽约4厘米，顶端渐尖，基部圆形或近心形，边缘具细尖齿。果序单生，直立或下垂，矩圆形。小坚果倒卵形，具膜质小翅。

* 国内分布：

黑龙江、吉林、辽宁与河北。

在东北莽原山岭间，白桦林是诗意的象征，它显得清新而明媚。行走其间，心灵如沐浴在灿烂阳光之下。可同是桦木的硕桦，与白桦相比，却如同饱经风霜的老人。硕桦长在背阴的山坡顶上和火山岩上。在东北地区，人们也叫它“风桦”。

其实硕桦也是一种美丽的乔木，它的树皮虽不像白桦那样洁如白纸，却是明亮的黄褐色，呈片状剥裂，看起来赏心悦目，它的叶子会随季节的推移而变化出不同的颜色。春天是嫩绿色或淡绿色；入夏变成翠绿色，仲夏变成深绿色；秋天一到，再变成黄色；西伯利亚的寒潮一吹，黄叶变成了褐色叶脉，而后香消玉殒，落地成泥。硕桦林最迷人的景致出现在春秋两季，硕桦叶脉的新生之后和陨落之前，都会赋予黑龙江浓郁的色彩记忆。

硕桦长在山岗上，海拔高，风也大，偶尔还有山火光顾。为了适应这种生境，硕桦在背阴坡上长得极慢，比森林中最耐心的红松还要慢。这种缓慢生长换来的是木材的坚硬，硕桦木材是桦木中最硬的一种。由于过于坚硬，钉子都很难敲进去，匠人们不喜欢碰它，但坚硬也意味着耐磨，于是匠人们用它和柞木组装做车轴或水井轱辘的手摇轴，一用就是百年。

硕桦是森林演替中的先锋植物，抗旱耐寒，在土层瘠薄的火山岩上也能分布，它的须根发达，牢牢抓住地，并从土壤中吸取养分。它的小坚果有薄薄的膜状翅，在春天风大的时候，风带着它的果实到处飘散，不过萌发率并不高，但只要有适宜的生长地，它的后代就会拼一把。

汉唐以前，中原人并不了解硕桦，关东之地的风物，还藏在兴安岭和长白山的褶皱里。但是随着桦皮蜡烛进入唐代宫廷，中原人开始接触到硕桦等桦树。白居易居住在长安，而在《早朝》一诗中，他写道："月堤槐露气，风烛桦烟香。"桦皮裹上蜜蜡后，制成的蜡烛易燃，还会散发袅袅清香。加上从南北朝流传下来的桦树驱鬼的传说，唐代的桦皮蜡烛成了贵重的用品。到了明代，李时珍明确指出桦树生于辽东。用桦树皮做蜡烛，最方便的可能就是硕桦了。它从小全身暴裂的树皮随手可得。随着一只只蜡烛在中原人家点燃，桦树也进入了中原人的文化意象之中。

在背阴少阳的山坡上，在针阔混交林的边缘，硕桦树抽枝发芽，繁衍成林。冬季的兴安岭万木凋零，森林中一片光秃，无遮无拦的树梢间，只有狂风夹着雪花扫过。"峣峣者易缺，皎皎者易污。"硕桦不会硬碰硬地和狂风抗争，它进化出柔韧的木质，让狂风难以折断躯干。狂风折磨它留下的扭曲印痕，成为惊艳众人的年轮花纹。当人们剖开硕桦的躯体，会发现每一块板材上，都有千姿百态的写意线条。它的苦难履历，最终化作为精美绝伦的图画。

撰文＊陈　旭　审阅专家＊冉景丞　摄影＊穆立蔷

II [084]

侧金盏花：
森林里的早春"冰凌花"

每年3～4月间，早春的冰雪开始消融，在黑龙江省的寒冷林地中，侧金盏便迫不及待地开出了艳丽的花朵。它矮小、细弱，"蜷缩"在向阳的缓坡上，从厚厚的落叶和积雪中探出头来，开出明亮的黄色花朵。等到森林中的乔木枝叶繁茂时，侧金盏的踪迹已隐没在厚重的树荫里，仿佛消失不见了。于是人们常常把侧金盏和与它习性类似的植物统称为春季短命植物。

侧金盏真的是短命植物吗？其实不然。侧金盏是多年生植物，每年3月底至4月初是它的花季。因为生活在森林之下，获取充足的阳光是一件奢侈的事情。但是在四季分明的森林里，冬春时节，落叶林地有充足的阳光可以照射到地面上。于是侧金盏便抓住这个时机，在早春树木枝叶丰满之前，快速完成开花、长叶和结实的过程，并获取足够的养分将之存储在地下的肉质根里。等到树荫遮蔽它的时候，侧金盏地上的植株早已处于休眠状态，躲在土壤中静静等待下一个春天的到来。

* 物种资料：

侧金盏花 *Adonis amurensis*
毛茛目 Ranunculales
毛茛科 Ranunculaceae

* 识别要点：

多年生草本。根状茎短而粗，有多数须根。茎在开花时高5～15厘米，以后高可达30厘米。叶片正三角形，细碎羽毛状开裂，长约7.5厘米，宽约9厘米。花小，黄色，花瓣10片，倒卵状长圆形。瘦果微小，倒卵球形，被短柔毛。

* 国内分布：

黑龙江东部、吉林和辽宁。

侧金盏的花期很早，它非常喜欢落叶林下的向阳缓坡及山谷的向阳驻水坡。这里的环境湿度大，落叶积聚多，腐殖层也厚实，而且营养丰富。早春暖暖的阳光洒在冰雪上，侧金盏会最先在半消融的冰雪中露出它那如婴儿拳头般大小的褐色花蕾。阳光继续温暖着褐色“小拳头”，深褐色的“皮”会让它吸收更多温暖。渐渐地，温暖传遍“小拳头”的全身。“小拳头”渐渐张开，花被伸展之后，一朵明亮而具有淡淡蜡黄色的花朵便绽放在积雪中。

因为早春气候寒冷，如果失去温暖的阳光，气温会很快跌至冰点。侧金盏花只有在阳光照射时才会开放。每当阳光透过稀疏的林枝洒落在侧金盏的花蕾上时，它才会“懵懂”地张开蜡质花瓣。明黄的花朵呈浅碟状，可以聚集阳光的热量，让花朵中心的温度升高，以此来吸引早春为数不多的传粉昆虫。侧金盏的单花花期只有七八天，昼开夜合，初开的花朵雌蕊最先成熟，次而再开放时，雄蕊和蜜腺才开始释放花粉和花蜜。这样的时间差可以确保侧金盏的雌蕊先行获得昆虫带来的花粉受精。而雄蕊和花蜜的释放，可以让喜欢躲在花朵里抵御寒冷的虫子补充能量并且带走花粉。这种精巧的设计已经足够完善了，但是侧金盏的花粉并不仅限于以昆虫为媒介的传播方式，因为它似乎明白早春的昆虫还是比较少的，需要自力更生地繁衍生息。据研究观察发现，侧金盏如果在没有昆虫“光顾”的情况下，仅靠自花授粉，还可以保证过半的结实率。

侧金盏精巧而独特的花朵，在黑龙江早春的山地森林里形成了一道亮丽的风景线。因为常常探雪绽放，当地人喜欢叫它“冰凌花”或“冰里花”。黑龙江真正的春天要5月才会正式到来，这个比春天还要提早1个月绽放的小花，仿佛是宣告新春伊始的信号。

撰文＊方　杰　审阅专家＊王秀伟　摄影＊王　英

藻类，偶尔也吃更小的鱼。

每当江河解冻时，浩浩荡荡的东北雅罗鱼就上溯至水草丰茂的淡水河道中生儿育女。水温在 4 ~ 8℃时开始产卵。卵产在沙砾或其他附着物上，怀卵量约一万粒。卵经 7 ~ 11 天即可孵化出小鱼，小鱼顺水流游回大湖独自生活，鱼爸鱼妈则进入湖岸河边恢复体力，冬季时进入深水处越冬。

许多东北雅罗鱼生长的地方，正好在候鸟迁徙的线路上，它们简直就是鸟类沿途移动的绝佳食物。

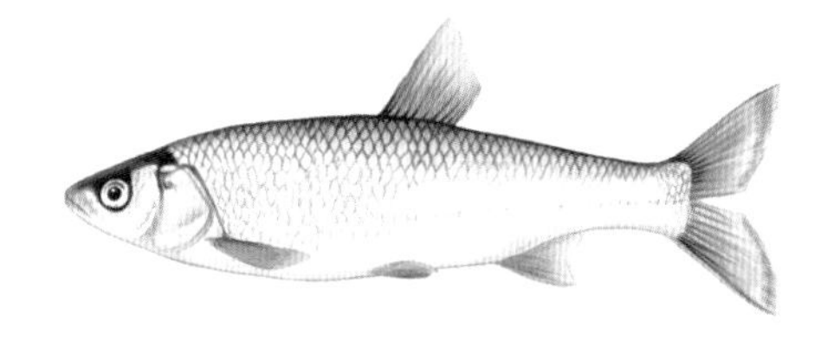

东北雅罗鱼味道鲜美，想来在大鱼和鸟类嘴里，口感也不差。它们被捕后极易死亡（不知道是气性大还是其他原因），加之腹部壁薄，常破裂，卖相惨，连卖价都上不去。

东北雅罗鱼从前数量很多，过去一直是江河自然捕捞的主要对象，现在已由自然捕捞向人工养殖方向发展。过度捕捞加上环境污染，如此大众化的鱼类也越来越少了。

——候鸟的念想也越来越难以实现。

撰文＊水伊　审阅专家＊赵文阁　绘图＊李小东

第三章　警示篇　*

大地情殇

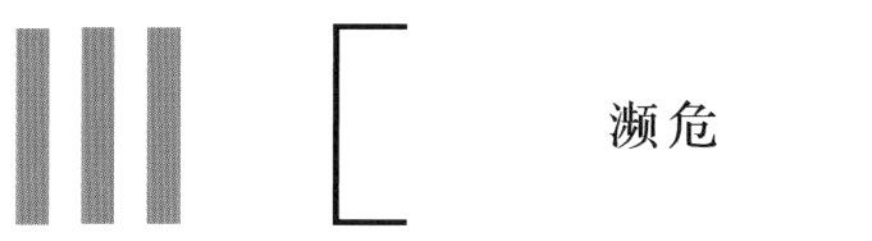

濒危

濒危

物种存续有何价值？简单来说，它们的消失，意味着大地一片荒凉。黑龙江省有无物种消亡的威胁？本书告知，精选的100个黑龙江物种有一半以上处于濒危状态，而物种濒危带来的影响，正深刻影响着人类现在和未来的生活。本篇精选的两个物种故事，即是揭示这种状况。它警示我们，不仅是物种，包括我们赖以生存的生态系统都面临着巨大的威胁。从保护物种的角度看，我们期待更多大众能够清晰地认知到保护的必要性和紧迫性，更多地参与到保护中来。

毛腿渔鸮：你还在么？

毛腿渔鸮，一种体形硕大的猫头鹰，生活在黑龙江流域的森林里，在老杨树粗大的树洞里营巢繁育后代，以河里的鲑鱼、鳟鱼为主食。可惜，它在黑龙江省不见踪影已经很多年。

曾几何时，大兴安岭、小兴安岭和长白山脉都有毛腿渔鸮的身影。它们有着70厘米的身高，4.5公斤的体重，1.8米的翼展，住大树吃大鱼，一对夫妇的活动半径有15公里，是大江大河大森林的标配，可以说是黑龙江省最典型生境中最具代表性的生物物种之一。它们一年四季都在森林里傍着河流生活。即使是冬季零下三四十摄氏度的低温，它们也并不南迁，寻找一些水流湍急、旋转而结不上冰的河道取食鱼类，并在冰天雪地的2月就开始配对，3 ~ 4月产卵孵化，小鸮出壳后50天离巢，一年后离开父母完全自食其力。毛腿渔鸮还是长寿的猫头鹰，有动物园养殖个体的年龄超过40岁。

这样强悍的猫头鹰，却败在了人类向森林索取财富的进程中。全世界的毛腿渔鸮今天已经不会多于1000只，其中有130 ~ 140只生活在日本北海道，剩下的在俄罗斯远东。中国呢？如果还有，也极其零星。黑龙江省最后一笔确认毛腿渔鸮的记录是1997年在大兴安岭的多布库尔河附近记录到一只，当时是做全国陆生野生动物普查，多人在场，反复印证，“一致通过”。但是，这笔记录的可怜之处在于，之前只有 1982 年小兴安岭捕到一只做了标本；之后在 2001 年，青峰保护区有一只环志放飞的猫头鹰，因为没有鸟类学者到场，不能确认是否是毛腿渔鸮。这些年，省内外的鸟类学者和观鸟爱好者有过多次寻找，但都没有结果，毛腿渔鸮果真离我们而去了？

看看我们的森林，今天还有多少大树？还有没有大树洞？百年来经年累月对森林的砍伐和对老树腐树的清理，使毛腿渔鸮失去了繁殖场所，无法延续后代。河流受到的干扰也层出不穷，水利设施建设，使河中的鱼类减少；人工养殖及其他经营的打扰无时无刻不在，令毛腿渔鸮的食物来源与就餐环境大打折扣，加速了它们的消失。

深山老林中行为隐蔽本来就没有多少人见过的大猫头鹰，当我们今天想起它们时，已经没有了踪迹。怎样做才能使它们回归黑龙江的家园？一筹莫展。毛腿渔鸮在国外的数量也非常稀少，即使国内还有几只是我们没找到的，但没有一定的种群数量，很难维系一个物种的自然繁殖以实现数量的增加。而森林的恢复，绝对是百年大计，毛腿渔鸮还等得及么？

红松林之殇

红松曾经经历两次大劫难。第一次劫难可称天劫，发生在第四纪冰川期（冰川期从距今 300 万年到 1 万年间）。红松林被迫南移到长白山南部及朝鲜半岛避难。等到后冰期时代，冰川向北退却，红松才再次跋涉千里，回归故乡。

红松的第二次劫难，可称人类劫。清朝中叶，小兴安岭周边出现村屯，人类的砍伐开始。清末民初，沙皇俄国逼迫清政府签订《中俄密约》，开始了对森林的掠夺。随后，日本又侵入这里，开始更大规模的砍伐之路。据不完全统计，沙皇俄国修建的中东铁路贯穿大兴安岭、小兴安岭森林腹地，铁路两侧 20 ~ 30 公里范围内的森林全部砍伐殆尽。而日本侵占东北的 14 年间大约毁林 400 多万公顷，整个黑龙江森林覆盖率下降到 35.6%，原始林中的红松下降到 28%。而在清朝初年，小兴安岭的原生森林植被还高达 90% 以上。新中国成立后的 60 年里，为了支持祖国建设，红松林被大量砍伐，其林缘地带后退了几十公里，最多达 150 ~ 200 公里。到 20 世纪 80 年代，小兴安岭林区原有的 400 万公顷成熟和过熟红松天然林，已不足往昔面积的 3%。目前，保存完好的红松阔叶林不足 5 万公顷。昔日莽莽“红松林海”的景观只有在自然保护区和母树林中方能看到。

人类劫持续了一个世纪，红松少了又少，几近濒危，而以红松为主导的森林生态系统变得脆弱起来。这种脆弱带来的水灾、旱灾、虫灾等各种灾害，开始反噬人类。2004 年，身在小兴安岭中的伊春市宣布禁止砍伐红松林。2017 年 3 月，国家林业局进一步宣布，中国将全面停止天然林的商业性采伐。红松林似乎迎来喘息之机。

但是，红松林的春天还会来吗?

一个顶级森林生态系统的形成，要经过几百年甚至上千年的演替过程，才能具有完备的结构和复杂性功能，才能形成稳定的顶级群落。

今天的原始红松林仅有零星分布，所剩无几，其栖息地被大面积的过伐林、次生林、疏林地和人工林等取代。虽然在科学技术支持下，红松人工林得以大力发展，并在东北整个林区已形成一定的规模，但其物种单一，失去了竞争和阔叶树庇护的红松还没有长到足够的高度就早早结果和分杈，其材质远远比不上天然红松。并且，由于失去了白桦、紫椴等阔叶树枯枝落叶形成的腐殖质，人工红松林土壤肥力下降、病虫害严重，红松很难长成上好的大树。但若不人工种植红松，在天然次生林下人工更新红松，缺乏红松种源，红松面临的局面会更加危险。

人工种植红松的难题尚待解决，而原始红松林的天然更新又出现重大危机。研究发现，在仅有的原始红松林中，红松的天然更新在大大衰退。制约其天然更新的因素大抵有两个。一是人类争抢松果带来的后果：在红松母树隔离繁殖策略下，靠松鼠和星鸦等动物形成的共生关系被打破，当它们失去足量的果实，松鼠和星鸦等动物便离开栖息地，借助它们传播种子的机会就丧失了，从而影响红松的天然更新。二是气候变暖带来的风险：全球气候变暖加剧，北半球地区冬季会更湿热，亚热带植被可能向北迁几千米。最终，温带、寒带面积将缩小，亚热带和热带向北扩张，许多南方植物物种北移，红松林必然向北收缩。对于红松林来说，这意味着人类劫尚未结束，又迎来新的天劫。

红松阔叶林是被国际公认的维护中国北方及东北亚地区生态平衡方面举足轻重的生态系统，也是被国际学界高度关注的全球受到威胁最大，同时也是消失最快的森林生态系统之一。红松林，大地在为你担忧。

毛腿渔鸮已在黑龙江省消失，红松林的天然更新困难重重。根据黑龙江省近十几年有关部门的多次自然资源和科学调查所积累的大量资料证明，朱鹮、柳雷鸟、镰翅鸡、香柏、长白桧木这5个物种已在黑龙江省境内的野外消失；豺、虎头海雕、黑脸琵鹭3种动物在野外也已难觅踪影；野生东北虎、东北豹、梅花鹿仅存几只或数十只，已处于极度濒危状态；人参、高山红景天、黄檗、东北红豆杉、兴凯湖松等10余种植物野外分布区明显退缩或呈斑块分布，分布数量十分稀少，也处于极度濒危或濒危状态。貂熊、紫貂、黄喉貂、原麝、斑羚、水獭、中华秋沙鸭、黑嘴松鸡、东方白鹳、黑鹳、白头鹤、大鸨、灰脸鵟鹰、蜂头峰鹰、金雕、玉带海雕、白尾海雕、雪鸮等18种动物野外种群数量不高，也处于濒危或接近濒危状态；而超过150种以上的物种被纳入黑龙江省国家级保护物种名录，反映了物种受威胁程度的严峻性和保护的紧迫性（附黑龙江省国家级保护野生植物名录和黑龙江省国家级保护野生动物名录）。

黑龙江省国家级保护野生植物名录

序号*	名称	拉丁文名	保护级别
	分布在黑龙江省的国家一级保护野生植物名录		
1	东北红豆杉	*Taxus cuspidata*	Ⅰ
2	貉藻	*Aldrovanda vesiculosa*	Ⅰ
3	莼菜	*Brasenia schreberi*	Ⅰ
	分布在黑龙江省的国家二级保护野生植物名录		
1	松茸（松口蘑）	*Tricholoma matsutake*	Ⅱ
2	红松	*Pinus koraiensis*	Ⅱ
3	钻天柳	*Chosenia arbutifolia*	Ⅱ
4	黄檗	*Phellodendron amurense*	Ⅱ
5	水曲柳	*Fraxinus mandschurica*	Ⅱ
6	紫椴	*Tilia amurensis*	Ⅱ
7	朝鲜崖柏	*Thuja koraiensis*	Ⅱ
8	兴凯湖松	*Pinus densiflora* var. *ussuriensis*	Ⅱ
9	乌苏里狐尾藻	*Myriophyllum ussuriense*	Ⅱ
10	莲	*Nelumbo nucifera*	Ⅱ
11	浮叶慈菇	*Sagittaria natans*	Ⅱ
12	野大豆	*Glycine soja*	Ⅱ

* 序号为 1 ~ 8 的Ⅱ级保护植物归林业部门主管；序号为 9 ~ 12 的Ⅱ级保护植物归农业部门主管。

黑龙江省国家级保护野生动物名录

序号	名称	拉丁文名	保护级别
		分布在黑龙江省的国家一级保护野生动物名录	
		鸟类	
1	东方白鹳（白鹳）	*Ciconia boyciana*	Ⅰ
2	黑鹳	*Ciconia nigra*	Ⅰ
3	中华秋沙鸭	*Mergus squamatus*	Ⅰ
4	金雕	*Aquila chrysaetos*	Ⅰ
5	玉带海雕	*Haliaeetus leucoryphus*	Ⅰ
6	白尾海雕	*Haliaeetus albicilla*	Ⅰ
7	黑嘴松鸡（细嘴松鸡）	*Tetrao parvirostris*	Ⅰ
8	白头鹤	*Grus monacha*	Ⅰ
9	丹顶鹤	*Grus japonensis*	Ⅰ
10	白鹤	*Grus leucogeranus*	Ⅰ
11	大鸨	*Otis tarda*	Ⅰ
		兽类	
1	紫貂(黑貂)	*Martes zibellina*	Ⅰ
2	貂熊（狼獾）	*Culo gulo*	Ⅰ
3	豹（东北豹）	*Panthera pardus orientalis*	Ⅰ
4	虎（东北虎）	*Panthera tigris*	Ⅰ
5	原麝(香獐子)	*Moschus moschiferus*	Ⅰ
6	梅花鹿(花鹿)	*Cervus nippon*	Ⅰ
		分布在黑龙江省的国家二级保护野生动物名录	
		鸟类	
1	角䴙䴘	*Podiceps auritus*	Ⅱ
2	赤颈䴙䴘	*Podiceps grisegena*	Ⅱ

序号	名称	拉丁文名	保护级别
3	海鸬鹚	*Phalacrocorax pelagicus*	Ⅱ
4	黑头白鹮（白鹮）	*Threskiornis melanocephalus*	Ⅱ
5	白琵鹭	*Platalea leucorodia*	Ⅱ
6	黑脸琵鹭	*Platalea minor*	Ⅱ
7	白额雁	*Anser albifrons*	Ⅱ
8	大天鹅	*Cygnus cygnus*	Ⅱ
9	小天鹅	*Cygnus columbianus*	Ⅱ
10	疣鼻天鹅	*Cygnus olor*	Ⅱ
11	鸳鸯	*Aix galericulata*	Ⅱ
12	黑琴鸡	*Tetrao tetrix*	Ⅱ
13	花尾榛鸡	*Bonasa bonasia*	Ⅱ
14	雷鸟（柳雷鸟）	*Lagopus lagopus*	Ⅱ
15	镰翅鸡	*Dendragapus falcipennis*	Ⅱ
16	灰鹤	*Grus grus*	Ⅱ
17	白枕鹤（红面鹤）	*Grus vipio*	Ⅱ
18	蓑羽鹤	*Anthropoides virgo*	Ⅱ
19	小杓鹬	*Numenius minutus*	Ⅱ
20	凤头蜂鹰	*Pernis ptilorhynchus*	Ⅱ
21	黑鸢	*Milvus migrens*	Ⅱ
22	苍鹰	*Accipiter gentilis*	Ⅱ
23	雀鹰	*Accipiter nisus*	Ⅱ
24	松雀鹰	*Accipiter virgatus*	Ⅱ
25	大鵟	*Buteo hamilasius*	Ⅱ
26	普通鵟	*Buteo buteo*	Ⅱ
27	毛脚鵟	*Buteo lagopus*	Ⅱ
28	灰脸鵟鹰	*Butastur indicus*	Ⅱ
29	鹰雕	*Spizaetus nipalensis*	Ⅱ
30	草原雕	*Aquila rapax*	Ⅱ
31	乌雕	*Aquila clanga*	Ⅱ
32	秃鹫	*Aegypius monachus*	Ⅱ

33	白尾鹞	*Circus cyaneus*	Ⅱ
34	鹊鹞	*Circus melanoleucos*	Ⅱ
35	白腹鹞	*Circus spilonotus*	Ⅱ
36	鹗	*Pandion haliaetus*	Ⅱ
37	矛隼	*Falco rusticolus*	Ⅱ
38	游隼	*Falco peregrinus*	Ⅱ
39	灰背隼	*Falco columbarius*	Ⅱ
40	红脚隼	*Falco amurensis*	Ⅱ
41	红隼	*Falco tinnunculus*	Ⅱ
42	燕隼	*Falco subbuto*	Ⅱ
43	红角鸮（棒槌鸟）	*Otus sunia*	Ⅱ
44	领角鸮	*Otus bakkamoena*	Ⅱ
45	雕鸮	*Bubo bubo*	Ⅱ
46	毛腿渔鸮	*Ketupa blakistoni*	Ⅱ
47	雪鸮	*Nyctea scandiaca*	Ⅱ
48	猛鸮	*Surnia ulula*	Ⅱ
49	花头鸺鹠	*Glaucidium passerinum*	Ⅱ
50	鹰鸮	*Ninox scutulata*	Ⅱ
51	纵纹腹小鸮	*Athene noctua*	Ⅱ
52	长尾林鸮	*Strix uralensis*	Ⅱ
53	乌林鸮	*Strix nebulosa*	Ⅱ
54	长耳鸮	*Asio otus*	Ⅱ
55	短耳鸮	*Asio flammeus*	Ⅱ
56	鬼鸮	*Aegolius funereus*	Ⅱ
		兽类	
57	豺(红狼)	*Cuou alpinus*	Ⅱ
58	黑熊(狗熊)	*Selenarctos thibetanus*	Ⅱ
59	棕熊（马熊）	*Ursus arctos*	Ⅱ
60	黄喉貂(青鼬)	*Martes flavigula*	Ⅱ
61	水獭	*Lutra lutra*	Ⅱ
62	猞猁	*Felis lynx*	Ⅱ

序号	名称	拉丁文名	保护级别
63	马鹿（八叉鹿）	*Cervus elaphus*	Ⅱ
64	驼鹿（堪达罕、犴）	*Alces alces*	Ⅱ
65	斑羚（青羊）	*Naemorhedus goral*	Ⅱ
66	雪兔（白兔）	*Lepus timidus*	Ⅱ

跋

文 ＊ 马玉堃

黑龙江苍茫的林海雪原在历史中生活着许多珍稀的动植物，面积广阔的森林、湿地和草地养育了动物，也滋养了先民对自然的崇敬之情。先民在这片黑土地上狩猎、放牧、打渔和采集，感受着自然的脉动，于是在岩石上刻下了动植物世界的种种景象。活跃在黑龙江的动植物们，以它们在自然界的努力与对自由的热爱赢得了人类的尊重，并深刻影响着后世人类的文化。

黑龙江是东北虎的栖息地，过去在大兴安岭、小兴安岭与黑龙江东部山地都有虎的身影。这种常年生活在冰雪世界中的虎体型大、力量强、领地广且性情孤傲，受到人类的敬畏与尊重。人们也常常把虎的形象做成各种图案用于辟邪，或剪成窗花贴在窗户上，或做成虎头帽和虎头鞋给小孩子穿戴。古代的一些国家以虎作为符节，作为调动军队的信符凭证。在近代东北社会中，虎以山神的面貌存在于人们的文化观念中，众多地方志里皆有记载。例如，《双城县志》和《宝清县志》等有相似记载：“山中居民最畏虎，遂称虎为山神爷，而立庙祀之。”

猪是黑龙江先民早期饲养的动物之一。据《晋书·东夷传》记载：“肃慎古国，并无牛羊，多畜猪。”这种北方盛行的猪崇拜不能少了黑龙江的参与，在北方原始神话语言体系中，猪与龙有历史渊源。因此，在《易经》的文化寓意中，它是与水对应的方位。由于猪的颜色为黑色，所以北方的文化色为黑色，属水。

一种在黑龙江繁殖的大鸟也深刻地影响了中国文化。齐齐哈尔的扎龙湿地是丹顶鹤的繁殖地（全球只有两处）之一，为全球 1000 多只丹顶鹤提供了家园。与东北虎彰显的力量、王权和威势的寓意不同，鹤在人类文化上的寓意集中体现在精神世界，即神仙思想的具体物象。鹤的身体线条流畅柔和，飞翔时展开双翅，可直上凌霄。因此仙鹤常被比喻为升仙形象，给道家和文人隐士提供了美与精神寄托。

东北虎与丹顶鹤至今仍在黑龙江境内的自然保护区中繁衍。随着生态文明成为社会广泛的共识，保护动植物及其文化也成为重要的生态建设内容。而保护动植最重要的是对其人文精神价值的深入理解。真心希望“物种 100 · 生态智慧”这一文化创意，能以通俗的语言阐述生态和谐的现代理念，在践行科学发展思维过程中有所作为，能引导公众深入了解我们所面临的环境。对动物多一份关爱，即是对我们自身的爱！

后记

《物种 100 · 生态智慧（黑龙江卷）》即将与读者见面了，能赶在 2018 年春节前付梓成书，大家都很高兴。黑龙江省是我国野生动物保护管理学科建设的摇篮，也是我国生物多样性研究的高地，能在这样一座殿堂里接受诸多专业人士的指导和支持，共同完成这个项目，我们深感荣幸。

坦白说，“黑龙江卷”虽然是《物种 100 · 生态智慧》的第二卷，但成书相当有挑战性。因为黑龙江省内的大兴安岭和小兴安岭是我国著名的山脉，几乎所有国人都耳熟能详，人们对原始森林充满了好奇，像亲情一样，虽然不挂在嘴边但心里都有。在这样的背景下，从物种适应环境的角度，讲述野生生物的故事，不仅要讲它们的生存繁衍策略，还一定要涉及它们的人文气质。这使我们的生态故事在生态的基础上，还要努力往人文方向靠近。此外，中国野生动物保护学科建设的摇篮与高地——东北林业大学，就位于黑龙江省省会哈尔滨，以学术严谨著称，在众多的行业专家面前讲生物多样性的故事，更是要加倍仔细。

压力虽然大，但得到的帮助也非常多。2017 年 8 月，物种 100 名单甄选会议阶段，马建章院士亲自带头搬桌子，把自己的会议室腾出来供项目组开会讨论；东北林业大学野生动物学院张明海院长逐一分析且推荐学院的优秀青年教师，深度参与创作工作；黑龙江省科学院自然与生态研究所倪红伟所长临危受命担任专家组组长，与我们在大雨天共同分析会议的流程；赵文阁教授、邹莉教授及姜广顺教授派出学生参与创作工作；穆立蔷老师热心帮助安排了专家们的住宿；于洪贤教授、李成德教授、严善春教授和邹莉教授为创作团队专门开设了物种微信课堂；哈尔滨师范大学地理信息学院的万鲁河院长、张毅老师和高梅香老师也为此开设了黑龙江自然地理微信课堂；中国科学院植物所马克平老师参会，并给予了高瞻远瞩的指导意见；黄璞玮、吴庆明和刘微等老师及研究生王倩一起随队做考察期间的科学指导。

在考察阶段，中央站黑嘴松鸡国家级自然保护区、凉水国家级自然保护区、扎龙国家级自然保护区及五大连池风景名胜区管委会给予了热情接待与详细情况介绍。为了丰富物种故事，嫩江广播电视台新闻部主任李成民老师与我的朋友杨琨帮助联系了大兴安岭、小兴安岭的几位林场退休工人，从他们那里获得了令人兴奋的、关于原始兴安岭森林的、野性和自由的生态家园印象。

郑宝江、王洪峰、王晓春、王秀伟、张力、雷光春、覃海宁、蔡体久、金效华老师审阅了全书的植物类文章；姜广顺、刘丙万老师审阅了书中的哺乳类文章；李成德、严善春老师审阅了书中的昆虫类文章；赵文阁、于洪贤、黄璞玮老师审阅了书中的两栖爬行与鱼类文章；许青、闻丞、彭一良老师审阅了书中的鸟类文章；邹莉、图力古尔老师审阅了书中的真菌类文章；IUCN 驻华代表朱春全博士审核了全部 100 篇文章，并做了严谨的批注，提出了修改意见。各位老师治学严谨的态度与渊博的知识让我们受益匪浅。

黑龙江省林业厅野生动植物保护与自然保护区管理处孙伟滨处长、殷彤副处长和邵伟庚副处长给予项目全程的帮助和指导。

项目凝聚了许多人的心血，以一本书的形式展示了黑龙江生物多样性的研究风采。在生态文明社会建设的潮流中，《物种 100 · 生态智慧（黑龙江卷）》为公众与自然的情感交流搭建了一座桥梁，为黑龙江的自然教育事业献上了一份礼物。因时间紧迫，书中难免有瑕疵，但仍然是我们努力工作的呈现，希望未来越做越好。